교과 기초 **완벽 대비 연산**

5·1

초등

• **5학년 1학기** •

교과셈

책을 내면서

연산은 교과 학습의 시작

효율적인 교과 학습을 위해서 반복 연습이 필요한 연산은 미리 연습되는 것이 좋습니다. 교과 수학을 공부할 때 새로운 개념과 생각하는 방법에 집중해야 높은 성취도를 얻을 수 있습니다. 새로운 내용을 배우면서 반복 연습이 필요한 내용은 학생들의 생각을 방해하거나 학습 속도를 늦추게 되어 집중해야 할 순간에 집중할 수 없는 상황이 되어 버립니다. 이 책은 교과 수학 공부를 대비하여 공부할 때 최고의 도움이 되도록 했습니다.

원리와 개념을 익히고 반복 연습

원리와 개념을 익히면서 연습을 하면 계산력뿐만 아니라 상황에 맞는 연산 방법을 선택할 수 있는 힘을 키울 수 있고, 교과 학습에서 연산과 관련된 원리 학습을 쉽게 이해할 수 있습니다. 숫자와 기호만 반복하는 경우에 수 연산 관련 문제가 요구하는 내용을 파악하지 못하여 계산은 할 줄 알지만 식을 세울 수 없는 경우들이 있습니다. 수학은 결과뿐 아니라 과정도 중요한 학문입니다.

사칙 연산을 넘어 반복이 필요한 전 영역 학습

사칙 연산이 연습이 제일 많이 필요하긴 하지만 도형의 공식도 연산이 필요하고, 대각선의 개수를 구할 때나 시간을 계산할 때도 연산이 필요합니다. 전통적인 연산은 아니지만 계산력을 키우기 위한 반복 연습이 필요합니다. 이 책은 학기별로 반복 연습이 필요한 전 영역을 공부하도록 하고, 어떤 식을 세워서 해결해야 하는지 이해하고 연습하도록 원리를 이해하는 과정을 다루고 있습니다.

다양한 접근 방법

수학의 풀이 방법이 한 가지가 아니듯 연산도 상황에 따라 더 합리적인 방법이 있습니다. 한 가지 방법만 반복하는 것은 수 감각을 키우는데 한계를 정해 놓고 공부하는 것과 같습니다. 반복 연습이 필요한 내용은 정확하고, 빠르게 해결하기 위한 감각을 키우는 학습입니다. 그럴수록 다양한 방법을 익히면서 공부해야 간결하고, 합리적인 방법으로 답을 찾아낼 수 있습니다.

올바른 연산 학습의 시작은 교과 학습의 완성도를 높여 줍니다. 교과셈을 통해서 효율적인 수학 공부를 할 수 있도록 하세요.

지은이 천종현

1. 교과셈 한 권으로 교과 전 영역 기초 완벽 준비!

사칙 연산을 포함하여 반복 연습이 필요한 교과 전 영역을 다룹니다.

2. 원리의 이해부터 실전 연습까지!

원리의 이해부터 실전 문제 풀이까지 쉽고 확실하게 학습할 수 있습니다.

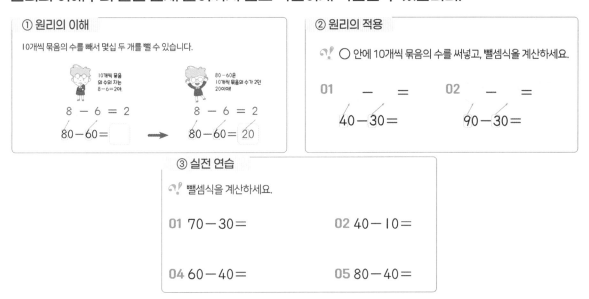

① 원리의 이해

10개씩 묶음의 수를 빼서 몇십 두 개를 뺄 수 있습니다.

$8 - 6 = 2$

$80 - 60 = \boxed{}$ → $80 - 60 = 20$

② 원리의 적용

○ 안에 10개씩 묶음의 수를 써넣고, 뺄셈식을 계산하세요.

01 ○ − ○ =
$40 - 30 =$

02 ○ − ○ =
$90 - 30 =$

③ 실전 연습

뺄셈식을 계산하세요.

01 $70 - 30 =$ 02 $40 - 10 =$

04 $60 - 40 =$ 05 $80 - 40 =$

3. 다양한 연산 방법 연습!

다양한 연산 방법을 연습하면서 수를 다루는 감각도 키우고, 상황에 맞춘 더 정확하고 빠른 계산을 할 수 있도록 하였습니다.

뺄셈을 하더라도 두 가지 방법 모두 배우면 더 빠르고 정확하게 계산할 수 있어요!

앞의 수를 10과 몇으로 가르고, □ 안에 알맞은 수를 써넣어 뺄셈식을 계산하세요.

01 $11 - 8$
$10 - 8 + \square =$

02 $17 - 9$
$10 - 9 + \square =$

뒤의 수를 갈라서 치기 10인 두 수를 만들고, □ 안에 알맞은 수를 써넣어 뺄셈식을 계산하세요.

01 $16 - 8$
$16 - 6 - \square =$

02 $15 - 8$
$15 - 5 - \square =$

교과샘이 추천하는
학습 계획

한 권의 교재는 32개 강의로 구성

한 개의 강의는 두 개 주제로 구성

매일 한 강의씩, 또는 한 개 주제씩 공부해 주세요.

☑ **매일 한 개 강의씩 공부한다면 32일 완성 과정**

복습을 하거나, 빠르게 책을 끝내고 싶은 아이들에게 추천합니다.

☑ **매일 한 개 주제씩 공부한다면 64일 완성 과정**

하루 한 장 꾸준히 하고 싶은 아이들에게 추천합니다.

✿ 성취도 확인표, 이렇게 확인하세요!

속도보다는 정확도가 중요하고, 정확도보다는 꾸준한 학습이 중요합니다! 꾸준히 할 수 있도록 하루 학습량을 적절하게 설정하여 꾸준히, 그리고 더 정확하게 풀면서 마지막으로 학습 속도도 높여 주세요!

채점하고 정답률을 계산해 성취도 확인표에 표시해 주세요. 복습할 때 정답률이 낮은 부분 위주로 하시면 됩니다. 한 장에 10분을 목표로 진행합니다. 단, 풀이 속도보다는 정답률을 높이는 것을 목표로 하여 학습을 지도해 주세요!

연계 교과

단원	연계 교과 단원	학습 내용
Part 1 자연수의 혼합 계산	5학년 1학기 · 1단원 자연수의 혼합 계산	· 덧셈과 뺄셈, 곱셈과 나눗셈 · 덧셈, 뺄셈과 곱셈 / 덧셈, 뺄셈과 나눗셈 · 사칙 연산의 혼합 계산 POINT 여러 가지 연산 기호와 괄호가 있는 식은 계산 순서를 지켜야 정확한 값을 구할 수 있습니다. 유형별로 나누어서 복잡한 식의 계산 순서를 단계적으로 연습하게 됩니다.
Part 2 약수와 배수	5학년 1학기 · 2단원 약수와 배수	· 약수와 배수 · 공약수와 공배수 · 최대공약수와 최소공배수 · 공약수와 최대공약수의 관계 · 공배수와 최소공배수의 관계 POINT 약수와 배수는 5학년 이후 수학의 여러 영역의 기초가 되는 중요한 개념입니다. 약수와 배수, 공약수와 공배수, 최대공약수와 최소공배수를 구하기부터 서로의 관계를 이용하여 공약수와 공배수를 간편하게 구하는 응용 문제까지 연습하게 됩니다.
Part 3 약분과 통분, 분수의 덧셈과 뺄셈	5학년 1학기 · 4단원 약분과 통분 · 5단원 분수의 덧셈과 뺄셈	· 약분과 통분 · 분수의 크기 비교 · 분모가 다른 진분수의 덧셈과 뺄셈 · 분모가 다른 대분수의 덧셈과 뺄셈 POINT 분모가 다른 분수의 덧셈과 뺄셈의 핵심은 약분과 통분입니다. 약분과 통분의 개념을 배우고, 이어서 분수의 덧셈과 뺄셈을 연습합니다.
Part 4 다각형의 둘레와 넓이	5학년 1학기 · 6단원 다각형의 둘레와 넓이	· 다각형의 둘레 · 다각형의 넓이 POINT 다각형의 둘레와 넓이를 구할 때는 그 다각형의 특징을 정확하게 알아야 공식을 쉽게 이해할 수 있습니다. 또한 넓이의 단위를 알아보고 단위를 바꾸는 연습을 합니다.

교과섬

자세히 보기

🌼 원리의 이해

두 수의 약수 중 서로 공통된 약수를 공약수라고 합니다. 공약수는 두 수를 모두 나누어떨어지게 하는 수입니다.

6의 약수 : 1, 2, 3, 6
8의 약수 : 1, 2, 4, 8
➡ 6과 8의 공약수 : 1, 2

공약수 중 가장 큰 수를 최대공약수라고 합니다. 가장 작은 공약수는 항상 1이기 때문에 최소공약수는 생각하지 않습니다.

➡ 6과 8의 최대공약수 : 2

공통된 약수, 공약수!
최고로 큰 공약수, 최대공약수!

식뿐만 아니라 그림도 최대한 활용하여 개념과 원리를 쉽게 이해할 수 있도록 하였습니다. 또한 캐릭터의 설명으로 원리에서 핵심만 요약했습니다.

🌼 단계화된 연습

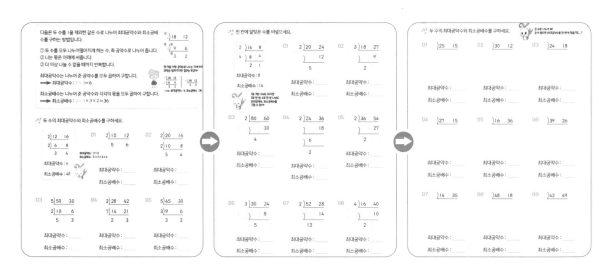

처음에는 원리에 따른 연산 방법을 따라서 연습하지만, 풀이 과정을 단계별로 단순화하고, 실전 연습까지 이어집니다.

🌸 다양한 연습

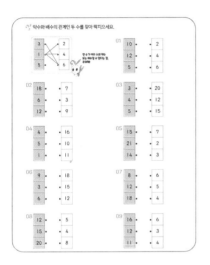
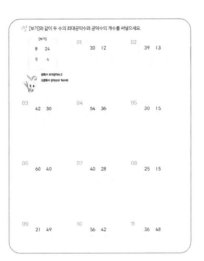

전형적인 형태의 연습 문제 위주로 집중 연습을 하지만 여러 형태의 문제도 다루면서 지루함을
최소화하도록 구성했습니다.

🌸 교과 확인

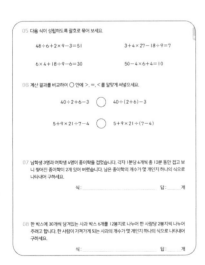

교과 유사 문제를 통해 성취도도 확인하고
교과 내용의 흐름도 파악합니다.

🌸 재미있는 퀴즈

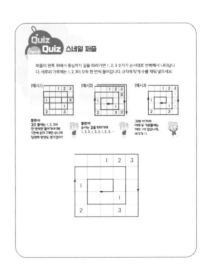

학년별 수준에 맞춘 알쏭달쏭 퀴즈를
풀면서 주위를 환기하고 다음 단원,
다음 권을 준비합니다.

교과셈
전체 단계

1 PART

자연수의 혼합 계산

차시별로 정답률을 확인하고, 성취도에 ○표 하세요.

😊 80% 이상 맞혔어요.　　😟 60% ~ 80% 맞혔어요.　　😣 60% 이하 맞혔어요.

차시	단원	성취도		
1	덧셈과 뺄셈, 곱셈과 나눗셈	😊	😟	😣
2	덧셈, 뺄셈과 곱셈 / 덧셈, 뺄셈과 나눗셈	😊	😟	😣
3	사칙 연산의 계산 순서	😊	😟	😣
4	사칙 연산의 혼합 계산	😊	😟	😣
5	사칙 연산의 혼합 계산 연습 1	😊	😟	😣
6	사칙 연산의 혼합 계산 연습 2	😊	😟	😣

Ⓐ 연산은 순서대로 하는 게 기본! 단, 괄호가 있다면 주의해요

덧셈과 뺄셈이 섞여 있을 때에는 앞에서부터 순서대로 계산합니다.

$$3+14-2=15$$

덧셈, 뺄셈과 괄호가 섞여 있을 때에는 괄호를 먼저 계산한 후, 덧셈과 뺄셈을 앞에서부터 순서대로 계산합니다.

$$35-(5+24)+11=17$$ (○)

$$35-(5+24)+11=65$$ (X)

🐥 □ 안에 알맞은 수를 써넣으세요.

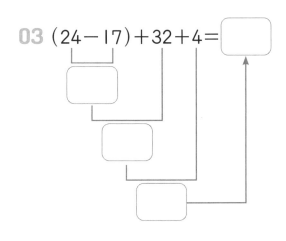

01 $11+23-5=\square$

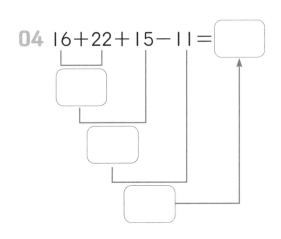

02 $51-(14+15)=\square$

03 $(24-17)+32+4=\square$

04 $16+22+15-11=\square$

계산하세요.

$$26+5-(12+15)=4$$

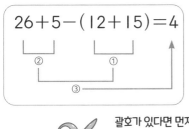

괄호가 있다면 먼저!
그다음 순서대로 계산!

01 $14+15-16=$

02 $40+13-5=$

03 $(20-6)+4-11=$

04 $13+(17-12)=$

05 $28-16+22-21=$

06 $52-(25+17)-10=$

07 $69-10+23+33=$

08 $41-40+(36-28)=$

09 $(72-54)-16=$

10 $16+20+9-32=$

11 $50-36+14+15=$

12 $30-8+19=$

13 $85-(47+2)=$

14 $65-(9+4)-3=$

곱셈과 나눗셈이 섞여 있을 때에는 앞에서부터 순서대로 계산합니다.

$$8 \times 3 \div 4 = 6$$

곱셈, 나눗셈과 괄호가 섞여 있을 때에는 괄호를 먼저 계산한 후, 곱셈과 나눗셈을 앞에서 부터 순서대로 계산합니다.

$$30 \div 3 \div (2 \times 5) = 1 \quad (\bigcirc)$$

$$30 \div 3 \div (2 \times 5) = 25 \quad (\times)$$

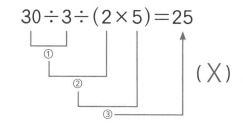

🐛 □ 안에 알맞은 수를 써넣으세요.

01 $21 \div 7 \times 8 = $ □

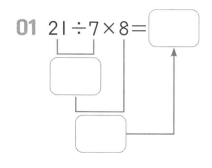

02 $35 \times (14 \div 2) = $ □

03 $64 \div (8 \times 4) \times 9 = $ □

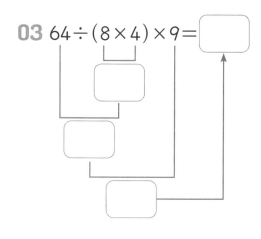

04 $24 \times 7 \div 3 \div 8 = $ □

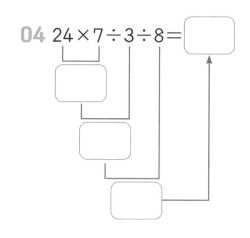

😊 계산하세요.

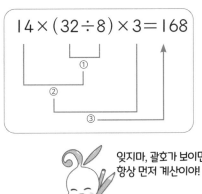

$14 \times (32 \div 8) \times 3 = 168$

잊지마, 괄호가 보이면
항상 먼저 계산이야!

01 $56 \div 7 \times 12 =$

02 $72 \div 18 \times 3 =$

03 $48 \div (3 \times 2) \times 4 =$

04 $(15 \times 5) \div 25 =$

05 $38 \times 4 \div 19 =$

06 $18 \div (15 \div 5) \times 6 =$

07 $49 \times 3 \div 21 \times 6 =$

08 $96 \div (3 \times 4) \div 4 =$

09 $(48 \div 8) \times 6 \div 3 =$

10 $65 \times (6 \times 5) \div 13 =$

11 $17 \times 12 \div 6 =$

12 $90 \div 15 \times 9 =$

13 $3 \times 10 \times 6 \div 20 =$

14 $28 \times (16 \div 8) =$

02 Ⓐ 곱셈 먼저! 단, 괄호가 있다면 주의해요

덧셈, 뺄셈과 곱셈이 섞여 있을 때에는 곱셈을 먼저 계산한 후, 덧셈과 뺄셈을 앞에서부터 순서대로 계산합니다.

$$3 + 14 \times 2 = 31$$

괄호가 섞여 있을 때에는 괄호를 먼저 계산한 후 곱셈을 계산하고, 덧셈과 뺄셈을 앞에서부터 순서대로 계산합니다.

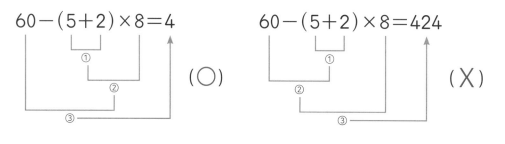

$$60 - (5+2) \times 8 = 4 \quad (\bigcirc)$$
$$60 - (5+2) \times 8 = 424 \quad (\times)$$

□ 안에 알맞은 수를 써넣으세요.

01 $48 - 7 \times 6 =$ □

02 $4 \times (13 + 5) =$ □

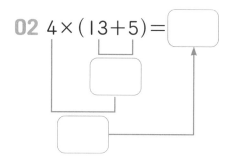

03 $11 \times (8 - 6) \times 4 =$ □

04 $24 + 6 \times 3 - 9 =$ □

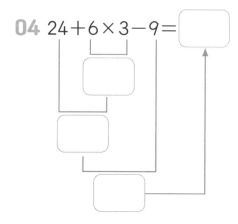

계산하세요.

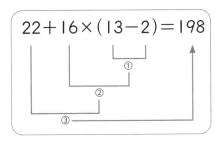

첫째, 괄호
둘째, 곱셈
셋째, 덧셈과 뺄셈
순서대로 차근차근!

01 $18 \times 2 + 6 =$

02 $60 + 5 \times 4 =$

03 $3 \times (2 + 14) - 45 =$

04 $(16 - 4) \times 2 =$

05 $36 + 4 \times (8 - 6) =$

06 $31 - 2 \times (5 + 6) =$

07 $10 + 8 \times (50 - 6) =$

08 $22 + 17 \times 3 - 18 =$

09 $26 \times 4 - 10 =$

10 $33 + 35 - 6 \times 9 =$

11 $(52 - 40) \times 2 =$

12 $16 + (24 - 19) \times 7 =$

13 $11 \times (7 + 5) =$

14 $15 - 9 + 3 \times 3 =$

02ⓑ 나눗셈 먼저! 단, 괄호가 있다면 주의해요

덧셈, 뺄셈과 나눗셈이 섞여 있을 때에는 나눗셈을 먼저 계산한 후, 덧셈과 뺄셈을 앞에서 부터 순서대로 계산합니다.

$$15-28\div4=8$$

괄호가 섞여 있을 때에는 괄호를 먼저 계산한 후 나눗셈을 계산하고, 덧셈과 뺄셈을 앞에서부터 순서대로 계산합니다.

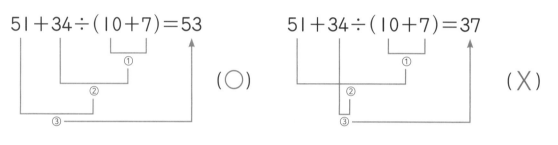

$$51+34\div(10+7)=53 \quad (\bigcirc)$$

$$51+34\div(10+7)=37 \quad (\times)$$

🧠 □ 안에 알맞은 수를 써넣으세요.

01 26÷2+19=□

02 (45−36)÷9=□

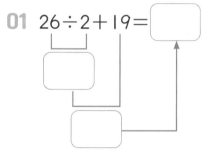

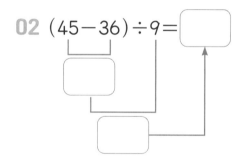

03 132÷11+3−12=□

04 (17+23)−25÷5=□

🐰 계산하세요.

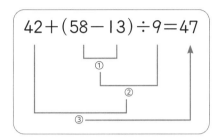

$$42+(58-13)÷9=47$$

첫째, 괄호
둘째, 나눗셈
셋째, 덧셈과 뺄셈
순서대로 차근차근!

01 $(18+4)÷11=$

02 $56+26÷13=$

03 $(19-4)÷5=$

04 $40-35÷7=$

05 $23+17-16÷8=$

06 $72+28÷4-18=$

07 $(37-15)÷2=$

08 $73-28÷7=$

09 $58-(63+9)÷9=$

10 $22-(19+26)÷9=$

11 $6+38÷(9+10)=$

12 $12+49÷(62-55)=$

13 $14+(35-2)÷3=$

14 $42-16÷8=$

03 곱셈과 나눗셈을 먼저 계산해요

덧셈, 뺄셈과 곱셈, 나눗셈이 섞여 있을 때에는 곱셈과
나눗셈을 먼저 계산한 후, 덧셈과 뺄셈을 앞에서부터
순서대로 계산합니다.

덧셈, 뺄셈, 곱셈, 나눗셈으로
셈하는 걸 '사칙 연산'이라고 해.

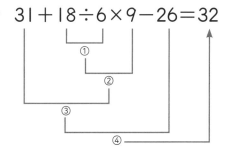

$$31+18\div6\times9-26=32$$

□ 안에 알맞은 수를 써넣으세요.

01 $44+9\times12\div6-59=\boxed{}$

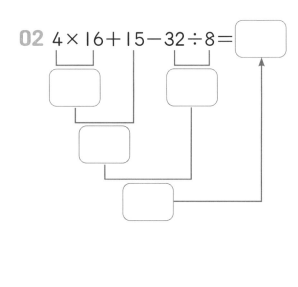

02 $4\times16+15-32\div8=\boxed{}$

03 $28+36\div12\times6-17=\boxed{}$

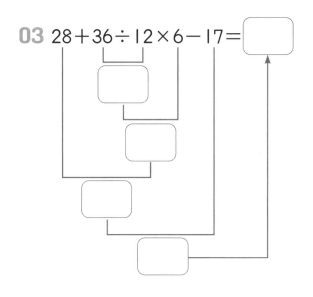

04 $35-27\div3+5\times10=\boxed{}$

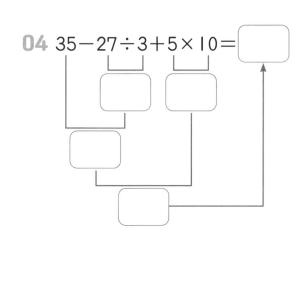

1 PART

계산하세요.

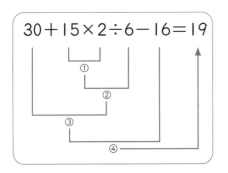

첫째, 곱셈, 나눗셈
둘째, 덧셈, 뺄셈
순서대로 차근차근!

01 $24+8\times5\div10-16=$

02 $19+6\times8\div12-14=$

03 $28-8\times3+10\div2=$

04 $44+25\div5\times4-18=$

05 $37-14\div2\times4+7=$

06 $28\div7+3\times2-10=$

07 $18+16\times2-90\div3=$

08 $50-4\times5+12\div4=$

09 $11+4-6\div3\times7=$

10 $9+13\times4\div2-10=$

11 $40\div8\times6+3-23=$

12 $63\div9+8\times3-30=$

03 B 식이 복잡하게 느껴진다면 계산 순서를 먼저 표시해 봐요

계산하세요.

01 $12 \times 4 - 56 \div 7 + 4 =$

02 $27 - 25 + 12 \times 4 \div 6 =$

03 $8 \times 8 + 2 - 21 \div 3 =$

04 $12 + 23 - 15 \times 2 \div 5 =$

05 $2 + 4 \times 9 - 40 \div 8 =$

06 $7 \times 4 \div 2 + 3 - 15 =$

07 $63 \div 3 + 14 - 4 \times 7 =$

08 $8 \div 2 \times 5 - 4 + 7 =$

09 $46 - 8 \times 11 \div 4 + 6 =$

10 $40 + 6 \times 7 \div 3 - 33 =$

11 $84 \div 3 + 2 \times 6 - 11 =$

12 $34 - 22 \div 11 \times 16 + 18 =$

🌱 계산하세요.

01 $70 \div 7 - 4 + 2 \times 8 =$

02 $48 \div 12 \times 7 + 6 - 14 =$

03 $62 + 40 \div 8 - 2 \times 7 =$

04 $98 - 22 \times 4 + 30 \div 6 =$

05 $96 \div 6 - 3 \times 4 + 28 =$

06 $2 \times 21 + 57 \div 3 - 38 =$

07 $9 \times 4 \div 6 - 2 + 47 =$

08 $23 \times 3 - 16 + 27 \div 3 =$

09 $63 - 54 \div 3 + 3 \times 9 =$

10 $8 + 9 \div 3 \times 11 - 10 =$

11 $8 + 8 - 35 \div 7 \times 3 =$

12 $55 - 16 + 14 \div 2 \times 8 =$

04 A 괄호 안의 식도 사칙 연산의 계산 순서를 따라요

괄호 안에 여러 수가 있을 때에는 괄호 안을 사칙 연산의 계산 순서에 따라 먼저 계산한 후 괄호 밖을 계산합니다. 괄호 밖을 계산할 때에도 사칙 연산의 계산 순서에 따라 계산합니다.

사칙 연산의 계산 순서
곱셈·나눗셈 → 덧셈·뺄셈
앞에서부터 순서대로 계산은 기본!

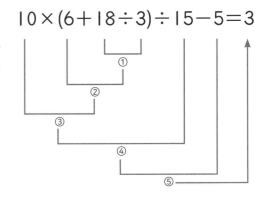

☝️ □ 안에 알맞은 수를 써넣으세요.

01 $(25+14) \times 4 \div 12 - 9 =$ □

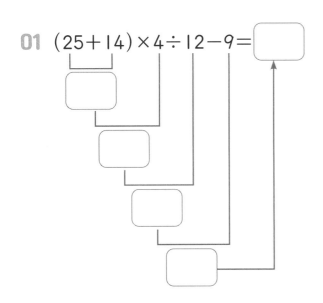

02 $(6-9 \div 3) + 9 \times 2 \div 3 =$ □

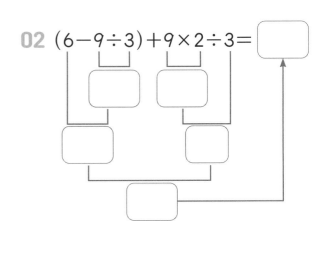

03 $32 + 49 \div (14-7) \times 4 =$ □

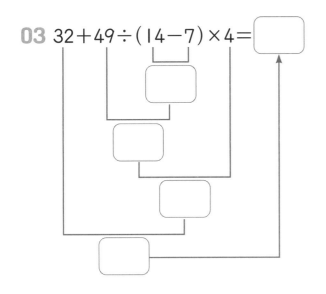

04 $16 - (10 + 14 \div 7) \div 6 =$ □

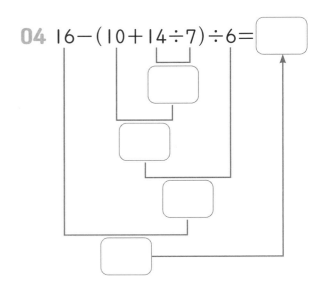

💡 계산하세요.

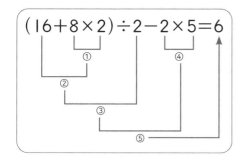

$$(16+8\times2)\div2-2\times5=6$$

 수가 많아지니까 엄청 복잡해!
계산 순서를 미리 표시하지 않으면
실수하겠어!

01 $(21+5)\div13\times6-6=$

02 $25\div(27-11\times2)+8=$

03 $20+(11-3)\times9\div4=$

04 $(16-9)\times4+32\div2=$

05 $25\times4-(54+12\div2)=$

06 $40\div8+(23-6\times3)=$

07 $(55+17)\div9\times2-10=$

08 $36\div4\times(5+3)-11=$

09 $48\div8+(28-4\times5)=$

10 $6\times(30-26)+12\div6=$

11 $(18-12)\times7-36\div9=$

12 $10+42\div(18-6\times2)=$

04 B 괄호 안과 밖 모두 사칙 연산의 계산 순서만 기억해요

계산하세요.

01 $12 \times (3+4) \div 4 - 16 =$

02 $(16 \times 3 + 12) - 93 \div 3 =$

03 $45 \div (4 \times 6 - 9) + 7 =$

04 $32 + 9 \times 4 \div (15 - 3) =$

05 $48 \div 12 \times (8 + 7 - 4) =$

06 $72 \div (13 - 9) + 5 \times 3 =$

07 $54 \div (24 - 18) \times 4 + 21 =$

08 $(62 + 40 \div 8) - 2 \times 7 =$

09 $3 \times (27 \div 3 - 2) + 40 =$

10 $44 - (8 \times 5 + 16) \div 8 =$

11 $24 - 48 \div (11 + 13) \times 9 =$

12 $(56 - 41) \times 4 \div 12 + 5 =$

🧑 계산하세요.

01 $(12 \times 3 \div 9) + 27 - 10 =$

02 $(6 + 4) \times 9 - 24 \div 3 =$

03 $8 \times (17 - 14) + 49 \div 7 =$

04 $81 \div (3 + 6) - 2 \times 4 =$

05 $68 + 96 \div (4 \times 8) - 25 =$

06 $6 \times (24 - 45 \div 5) + 4 =$

07 $49 - 23 + (24 \div 8 \times 3) =$

08 $(42 - 17 + 11) \times 3 \div 6 =$

09 $32 \div 8 + 2 \times (40 - 28) =$

10 $32 + 56 - (28 \times 2 \div 7) =$

11 $7 + (20 - 42 \div 7) \times 4 =$

12 $100 - 48 \div 3 \times (1 + 5) =$

🐣 계산하세요.

01 $96 \div (19-7) + 9 =$

02 $6 \times (3+5) - 31 =$

03 $8 \times 8 - 51 =$

04 $6 + 36 \div 4 =$

05 $(47-12) \div 5 =$

06 $6 \times 2 + 4 - 56 \div 7 =$

07 $37 + 9 - 12 \div 4 =$

08 $(2+16) \times 3 =$

09 $19 - 12 + 18 \times 7 \div 14 =$

10 $15 \times 4 \div 12 + 25 - 19 =$

11 $(69-47) \times 2 \div 11 + 5 =$

12 $(23 + 28 \div 4) - 3 \times 5 =$

🖉 계산하세요.

01 $(14+6\times13)-54=$

02 $11-24\div3+21=$

03 $42+(42-36)\times4=$

04 $12+14\times7-65=$

05 $56+34-9\times2=$

06 $64\div(9+7)-2=$

07 $48\div4+11=$

08 $4\times(2+14-7)=$

09 $38+5\times12\div20-32=$

10 $92-87\div29\times13+81=$

11 $60-14\times9\div21+4=$

12 $15\times(40\div8-4)+14=$

계산하세요.

01 $33+4\times7-5=$

02 $(42-21)\div3+10=$

03 $12\times(26-14)+36=$

04 $13+46\div2=$

05 $(5+8)\times6-48=$

06 $(100-43+28)\div5=$

07 $325\div5-4+17=$

08 $61-(37+23)\div4=$

09 $204\div(8+9)-3\times4=$

10 $40+63\div7\times5-26=$

11 $157-82\div2+6\times11=$

12 $42\times(10-96\div16)+2=$

🐌 계산하세요.

01 $14 \times 10 - 30 =$

02 $25 + 36 \div 9 =$

03 $5 + 9 \times (35 - 24) =$

04 $63 + (83 - 69) \times 6 =$

05 $12 + 42 \div 14 - 2 \times 7 =$

06 $78 + 54 \div 18 =$

07 $111 - (16 \times 9 \div 12) =$

08 $12 \div (13 - 10) + 4 =$

09 $46 \times 5 - 22 + 78 \div 6 =$

10 $181 - (17 + 84 \div 7) \times 6 =$

11 $121 - 54 \div 6 \times (4 + 8) =$

12 $80 + 8 - 27 \div 3 \times 6 =$

계산하세요.

01 $21 \times 3 + 15 - 48 =$

02 $26 \div 2 + 7 =$

03 $73 - 48 \times 5 \div 16 =$

04 $27 \times (12 \div 4) + 41 =$

05 $17 + 4 \times 15 =$

06 $210 \div 6 - 9 + 54 =$

07 $22 \times (19 - 6) + 55 =$

08 $105 \div (9 - 5 + 11) =$

09 $68 + 30 \div 6 - 8 \times 3 =$

10 $7 + 216 \div (3 \times 12) - 1 =$

11 $54 + 127 - 69 \div 3 \times 5 =$

12 $55 \div (32 - 21) + 4 \times 7 =$

🎵 계산하세요.

01 $60-84\div4=$

02 $2+(47-132\div11)=$

03 $35+35-22\times3=$

04 $99+6\times(13-9)=$

05 $(38-14+32)\div4=$

06 $126-34\div2+10=$

07 $72\div6+45=$

08 $132-6\times16=$

09 $81-(2\times7+44)\div2=$

10 $20\times12\div15+31-37=$

11 $(31-16)\times8\div12+7=$

12 $28+9\times5\div3-40=$

이런 문제를 다루어요

01 가장 먼저 계산해야 하는 부분에 ○표 하세요.

$$86+25-16\times4-9\div3$$

$$60+4\times30\div(14-9)$$

계산 순서는 이렇게 나타내면 돼!

02 계산 순서를 나타내고, 계산하세요.

$$52+3\times10-14\div2=$$

$$30\div6+8\times(15-12)=$$

03 계산하세요.

$$62-28\div7+3\times8=$$

$$25+24\div(6-2)\times9=$$

04 계산 순서가 틀린 곳을 찾아 고치고 바르게 계산하여 답을 써넣으세요.

$$6+5\times(12-7)=6+5\times5$$
$$=11\times5$$
$$=55$$
답 : _____

$$8+42\div7-4\times2=8+6-4\times2$$
$$=10\times2$$
$$=20$$
답 : _____

05 다음 식이 성립하도록 괄호로 묶어 보세요.

$$48 \div 6 + 2 \times 9 - 3 = 51$$

$$3 + 4 \times 27 - 18 \div 9 = 7$$

$$6 \times 4 + 18 \div 9 - 6 = 30$$

$$50 - 4 \times 6 + 4 = 10$$

06 계산 결과를 비교하여 ◯ 안에 >, =, <를 알맞게 써넣으세요.

$$40 \div 2 + 6 - 3 \quad \bigcirc \quad 40 \div (2 + 6) - 3$$

$$5 + 9 \times 21 \div 7 - 4 \quad \bigcirc \quad 5 + 9 \times 21 \div (7 - 4)$$

07 남학생 3명과 여학생 4명이 종이학을 접었습니다. 각자 1분에 4개씩 총 12분 동안 접고 보니 찢어진 종이학이 2개 있어서 버렸습니다. 남은 종이학의 개수가 몇 개인지 하나의 식으로 나타내어 구하세요.

식 : _____ 답 : _____개

08 한 박스에 30개씩 담겨있는 사과 박스 6개를 12봉지로 나누어 한 사람마다 2봉지씩 나누어 주려고 합니다. 한 사람이 가져가게 되는 사과의 개수가 몇 개인지 하나의 식으로 나타내어 구하세요.

식 : _____ 답 : _____개

Part 1

Quiz Quiz 어떤 연산 기호가 필요할까?

빈칸에 사칙 연산 기호(＋, −, ×, ÷)를 넣어 식을 완성하세요.

42	＋	6	÷	2		4	＝	54
÷				×				÷
6	−	21		7	＋	1	＝	4		6
							×			＋
				7			9			5
				−			÷			
30		2	×	10	−	14	＝	36		3
				＋			＝			×
				9			2			3
				＝						＝
				41						23

2 PART

약수와 배수

❗ 차시별로 정답률을 확인하고, 성취도에 ○표 하세요.

😊 80% 이상 맞혔어요.　　😟 60%~80% 맞혔어요.　　😣 60% 이하 맞혔어요.

차시	단원	성취도		
7	약수와 배수	😊	😟	😣
8	약수와 배수의 관계	😊	😟	😣
9	공약수와 공배수	😊	😟	😣
10	최대공약수, 최소공배수 나누어 구하기	😊	😟	😣
11	최대공약수, 최소공배수 나누어 구하기 연습	😊	😟	😣
12	최대공약수, 최소공배수 곱셈식으로 구하기	😊	😟	😣
13	최대공약수, 최소공배수 곱셈식으로 구하기 연습	😊	😟	😣
14	공약수와 최대공약수의 관계	😊	😟	😣
15	공배수와 최소공배수의 관계	😊	😟	😣
16	최대공약수, 최소공배수 연습 1	😊	😟	😣
17	최대공약수, 최소공배수 연습 2	😊	😟	😣

□를 나누어떨어지게 하는 수를 □의 '약수'라고 해요

어떤 수를 나누어떨어지게 하는 수를 그 수의 약수라고 합니다.
약수를 찾을 때에는 나눗셈식을 곱셈식으로 바꾸어 생각하면
빠트리지 않고 찾기 쉽습니다.

모든 수는 1과 자기 자신으로
나누어떨어지기 때문에
약수 2개는 무조건 가지고 있어.

$8 \div 1 = 8$
$8 \div 2 = 4$
$8 \div 4 = 2$
$8 \div 8 = 1$

8의 약수 : 1, 2, 4, 8

□ 안에 알맞은 수를 써넣어 나눗셈식을 완성하고 약수를 구하세요.

01
$14 \div \boxed{} = \boxed{}$

$14 \div \boxed{} = \boxed{}$

$14 \div \boxed{} = \boxed{}$

$14 \div \boxed{} = \boxed{}$

14의 약수 : _____

02
$10 \div \boxed{} = \boxed{}$

$10 \div \boxed{} = \boxed{}$

$10 \div \boxed{} = \boxed{}$

$10 \div \boxed{} = \boxed{}$

10의 약수 : _____

03
$21 \div \boxed{} = \boxed{}$

$21 \div \boxed{} = \boxed{}$

$21 \div \boxed{} = \boxed{}$

$21 \div \boxed{} = \boxed{}$

21의 약수 : _____

04
$16 \div \boxed{} = \boxed{}$

$16 \div \boxed{} = \boxed{}$

$16 \div \boxed{} = \boxed{}$

$16 \div \boxed{} = \boxed{}$

$16 \div \boxed{} = \boxed{}$

16의 약수 : _____

👆 어떤 수의 약수를 크기 순서대로 나열하였습니다. [보기]와 같이 곱셈식으로 어떤 수를 만드는 두 수를 짝지어 ☐ 안에 알맞은 수를 써넣고 약수를 구하세요.

2
PART

[보기]

10의 약수 : 1, 2, 5, 10

2×5=10
1×10=10

1   2   ⑤   ⑩

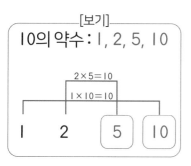
1의 단 곱셈부터 순서대로 짝지어 찾아봐!

01 6의 약수 : _____

1   2   ☐   ☐

02 35의 약수 : _____

1   ☐   7   ☐

03 15의 약수 : _____

1   3   ☐   ☐

04 18의 약수 : _____

1   2   ☐   6   ☐   ☐

05 12의 약수 : _____

1   2   ☐   4   ☐   ☐

06 8의 약수 : _____

1   2   ☐   ☐

07 20의 약수 : _____

1   2   ☐   5   ☐   ☐

08 14의 약수 : _____

☐   ☐   7   14

09 28의 약수 : _____

1   ☐   4   ☐   14   ☐

10 45의 약수 : _____

1   ☐   5   ☐   15   ☐

11 63의 약수 : _____

1   ☐   7   ☐   21   ☐

07 B □를 몇 배 한 수를 □의 '배수'라고 해요

어떤 수를 1배, 2배, 3배, … 한 수를 어떤 수의 배수라고 합니다. 배수는 약수와 달리 셀 수 없이 많습니다.

곱셈구구를 떠올려 봐!
우리는 이미 많은 배수를 알고 있어.
3×1=3, 3×2=6, 3×3=9, …

$2 \times 1 = 2$
$2 \times 2 = 4$
$2 \times 3 = 6$
…

2의 배수 : 2, 4, 6, …

○ 안의 수의 배수에는 ○표, △ 안의 수의 배수에는 △표 하세요.

01 **15** | 10 30 25 12 42 | **6**

02 **12** | 24 60 30 28 54 | **5**

03 **9** | 3 16 18 20 23 | **3**

04 **8** | 56 42 60 70 72 | **14**

05 **4** | 24 50 120 16 46 | **24**

06 **21** | 36 100 81 63 84 | **9**

07 **2** | 22 39 55 61 91 | **13**

08 **7** | 18 49 29 36 85 | **17**

🐰 가운데 수의 배수를 가장 작은 수부터 4개 써넣으세요.

제일 작은 배수부터
시계방향 순서대로 적어 봐!

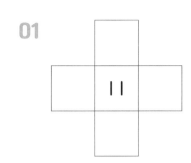

01

02

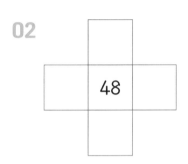

03

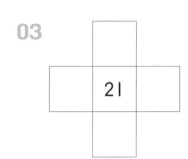

04

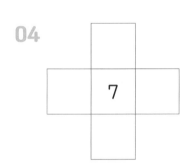

05

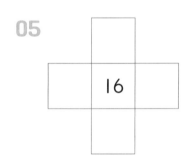

06

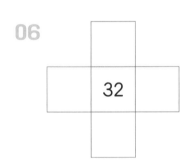

07

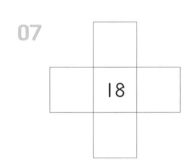

08

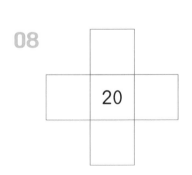

09

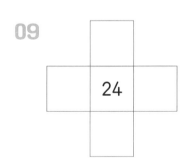

08 약수와 배수는 특별한 관계가 있어요

곱셈과 나눗셈이 서로 바꾸어 생각할 수 있는 관계이듯, 약수와 배수도 서로 바꾸어 생각할 수 있는 관계를 가지고 있습니다.

곱셈식과 나눗셈식, 둘 중 하나만 알아도 수들의 관계를 알 수 있겠군!

6 $\div$ 2 $=$ 3 ➡ 2 , 3 : 6의 약수

2 $\times$ 3 $=$ 6 ➡ 6 : 2와 3의 배수

다음 식을 완성하여 약수와 배수의 관계를 쓰세요.

01

$3 \times \boxed{} = 12$

3, $\boxed{}$ ➡ $\boxed{}$ 의 약수

$\boxed{}$ ➡ $\boxed{}$ 과 $\boxed{}$ 의 배수

02

$8 \times \boxed{} = 72$

8, $\boxed{}$ ➡ $\boxed{}$ 의 약수

$\boxed{}$ ➡ $\boxed{}$ 과 $\boxed{}$ 의 배수

03

$\boxed{} \div 7 = 4$

$\boxed{}$, 7 ➡ $\boxed{}$ 의 약수

$\boxed{}$ ➡ $\boxed{}$ 와 $\boxed{}$ 의 배수

04

$68 \div \boxed{} = 17$

$\boxed{}$, 17 ➡ $\boxed{}$ 의 약수

$\boxed{}$ ➡ $\boxed{}$ 와 $\boxed{}$ 의 배수

05

$56 \div \boxed{} = 4$

4, $\boxed{}$ ➡ $\boxed{}$ 의 약수

$\boxed{}$ ➡ $\boxed{}$ 와 $\boxed{}$ 의 배수

06

$12 \times \boxed{} = 72$

$\boxed{}$, 12 ➡ $\boxed{}$ 의 약수

$\boxed{}$ ➡ $\boxed{}$ 과 $\boxed{}$ 의 배수

🐰 약수와 배수의 관계인 두 수를 찾아 짝지으세요.

한 수가 여러 수의 약수 또는 배수일 수 있다는 점, 주의해!

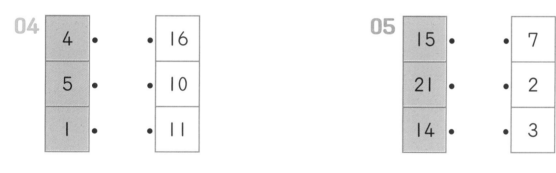

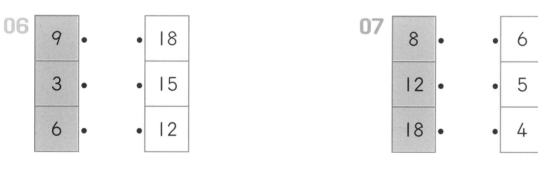

08

12 •	• 5
15 •	• 4
20 •	• 8

09

16 •	• 6
12 •	• 3
11 •	• 4

08 B 나누어떨어지면 약수와 배수의 관계예요

약수와 배수의 관계인 두 수를 찾을 때에는 큰 수를 작은 수로 나누어서 나누어떨어지는지 확인하면 쉽게 찾을 수 있습니다.

12, 72, 15, 30, 25

두 수의 크기가 클 때 사용하면 편리하겠어!

72÷12=6 ➡ 72는 12로 나누어떨어지므로 서로 약수와 배수 관계입니다.

30÷15=2 ➡ 30은 15로 나누어떨어지므로 서로 약수와 배수 관계입니다.

🐾 나열된 수 중 약수와 배수의 관계인 수를 모두 찾아 괄호 안에 쓰세요.

01

11, 13, 22, 48, 52

약수 배수 　 약수 배수
(11 , 22) (　 , 　)

02

15, 45, 55, 32, 2

(　 , 　) (　 , 　)

03

96, 14, 16, 10, 7

(　 , 　) (　 , 　)

04

20, 24, 85, 17, 6

(　 , 　) (　 , 　)

05

38, 25, 14, 28, 50

(　 , 　) (　 , 　)

06

40, 90, 80, 17, 16

(　 , 　) (　 , 　)

07

28, 7, 17, 11, 4

(　 , 　) (　 , 　)

08

81, 12, 36, 31, 27

(　 , 　) (　 , 　)

🐰 가운데 수의 약수에는 △표, 배수에는 ○표 하세요.

약수를 찾을 때는 같거나 작은 수만
살펴보면 되고~
배수를 찾을 때는 같거나 큰 수만
살펴보면 되고~

16	(27)	△1
(81)	9	(18)
80	△3	75

01

48	36	42
2	14	70
38	10	7

02

28	72	6
4	8	46
96	60	1

03

35	90	75
8	10	60
4	40	2

04

88	73	48
6	12	69
25	60	4

05

3	36	56
54	7	84
21	1	92

06

48	90	4
64	6	86
3	24	9

07

68	54	88
82	4	40
34	94	2

08

75	65	5
90	15	9
55	6	45

09

92	45	36
1	11	88
72	43	22

09 Ⓐ 공약수 중에 가장 큰 수가 최대공약수예요

두 수의 약수 중 서로 공통된 약수를 공약수라고 합니다. 공약수는 두 수를 모두 나누어떨어지게 하는 수입니다.

6의 약수 : 1, 2, 3, 6
8의 약수 : 1, 2, 4, 8
→ 6과 8의 공약수 : 1, 2

공약수 중 가장 큰 수를 최대공약수라고 합니다. 가장 작은 공약수는 항상 1이기 때문에 최소공약수는 생각하지 않습니다.

→ 6과 8의 최대공약수 : 2

공통된 **약수**, **공약수**!
최고로 큰 공약수, **최대공약수**!

🔑 두 수의 약수를 모두 쓰고 공약수에는 ○표, 최대공약수에는 ◎표 하세요.

4, 6

4의 약수 : ① ② 4
6의 약수 : ① ② 3 6

01

12, 18

12의 약수 : _____
18의 약수 : _____

02

6, 14

6의 약수 : _____
14의 약수 : _____

03

25, 35

25의 약수 : _____
35의 약수 : _____

04

16, 32

16의 약수 : _____
32의 약수 : _____

05

20, 16

20의 약수 : _____
16의 약수 : _____

🎵 두 수의 약수를 모두 쓰고 공약수에는 ◯표, 최대공약수에는 ◎표 하세요.

01 10, 35

10의 약수 : _____

35의 약수 : _____

02 21, 28

21의 약수 : _____

28의 약수 : _____

03 45, 27

45의 약수 : _____

27의 약수 : _____

04 35, 45

35의 약수 : _____

45의 약수 : _____

05 39, 26

39의 약수 : _____

26의 약수 : _____

06 22, 44

22의 약수 : _____

44의 약수 : _____

07 18, 28

18의 약수 : _____

28의 약수 : _____

08 52, 16

52의 약수 : _____

16의 약수 : _____

09 50, 15

50의 약수 : _____

15의 약수 : _____

10 18, 27

18의 약수 : _____

27의 약수 : _____

09 B 공배수 중에 가장 작은 수가 최소공배수예요

두 수의 배수 중 서로 공통된 배수를 공배수라고 합니다. 공배수는 공약수와 달리 셀 수 없이 많습니다.

6의 배수 : 6, 12, 18, 24, 30, 36, 42, 48, …

8의 배수 : 8, 16, 24, 32, 40, 48, …

➡ 6과 8의 공배수 : 24, 48, …

공배수 중 가장 작은 수를 최소공배수라고 합니다. 공배수는 셀 수 없이 많아 가장 큰 수를 구할 수 없기 때문에 최대공배수는 생각하지 않습니다.

공통된 배수, 공배수!

가장 작은 공배수, 최소공배수!

➡ 6과 8의 최소공배수 : 24

두 수의 배수를 나열하여 공배수 2개를 찾아 ◯표, 최소공배수에는 ◎표 하세요.

```
4, 6
```

4의 배수 : 4 8 ⑫ 16 20 ㉔

6의 배수 : 6 ⑫ 18 ㉔

01
```
7, 14
```

7의 배수 : _____

14의 배수 : _____

02
```
6, 9
```

6의 배수 : _____

9의 배수 : _____

03
```
8, 12
```

8의 배수 : _____

12의 배수 : _____

04
```
5, 15
```

5의 배수 : _____

15의 배수 : _____

05
```
2, 3
```

2의 배수 : _____

3의 배수 : _____

😺 두 수의 배수를 나열하여 공배수 2개를 찾아 ◯표, 최소공배수에는 ◎표 하세요.

01　　　5, 10

5의 배수 : _____

10의 배수 : _____

02　　　12, 18

12의 배수 : _____

18의 배수 : _____

03　　　6, 12

6의 배수 : _____

12의 배수 : _____

04　　　11, 22

11의 배수 : _____

22의 배수 : _____

05　　　9, 3

9의 배수 : _____

3의 배수 : _____

06　　　14, 21

14의 배수 : _____

21의 배수 : _____

07　　　16, 12

16의 배수 : _____

12의 배수 : _____

08　　　8, 6

8의 배수 : _____

6의 배수 : _____

09　　　9, 12

9의 배수 : _____

12의 배수 : _____

10　　　18, 27

18의 배수 : _____

27의 배수 : _____

Ⓐ 'ㅣ'자로 곱하면 최대공약수, 'ㄴ'자로 곱하면 최소공배수!

다음은 두 수를 1을 제외한 같은 수로 나누어 최대공약수와 최소공배
수를 구하는 방법입니다.

```
  ①
  2) 18   12
 ③  ②
  3) 9    6
    3    2
```

① 두 수를 모두 나누어떨어지게 하는 수, 즉 공약수로 나누어 줍니다.
② 나눈 몫을 아래에 써줍니다.
③ 더 이상 나눌 수 없을 때까지 반복합니다.

최대공약수는 나누어 준 공약수를 모두 곱하여 구합니다.
➡ 최대공약수 : $2 \times 3 = 6$

최소공배수는 나누어 준 공약수와 각각의 몫을 모두 곱하여 구합니다.
➡ 최소공배수 : $2 \times 3 \times 3 \times 2 = 36$

맨 처음 어떤 공약수로 나누는지에 따라
과정은 달라지지만 결과는 똑같아!

```
 3) 18   12
 2) 6    4
    3    2
```
```
 6) 18   12
    3    2
```
➡ 최대공약수 : 6, 최소공배수 : 36

 두 수의 최대공약수와 최소공배수를 구하세요.

```
  2) 12   16
  2) 6    8
     3    4
최대공약수 : 4
최소공배수 : 48
```

01
```
  2) 10   12
     5    6
```
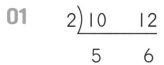
최대공약수 : 2×2
최소공배수 : $2 \times 2 \times 3 \times 4$

최대공약수 : _____
최소공배수 : _____

02
```
  2) 20   16
  2) 10   8
     5    4
```
최대공약수 : _____
최소공배수 : _____

03
```
  5) 50   30
  2) 10   6
     5    3
```
최대공약수 : _____
최소공배수 : _____

04
```
  2) 28   42
  7) 14   21
     2    3
```
최대공약수 : _____
최소공배수 : _____

05
```
  5) 45   30
  3) 9    6
     3    2
```
최대공약수 : _____
최소공배수 : _____

😊 ☐ 안에 알맞은 수를 써넣고, 두 수의 최대공약수와 최소공배수를 구하세요.

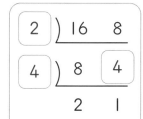

최대공약수 : 8

최소공배수 : 16

2로 세 번 나눠도 되지만 2로 한 번, 4로 한 번 나눠도 최대공약수, 최소공배수를 구할 수 있어!

01

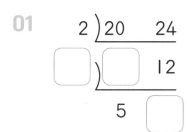

최대공약수 : _____

최소공배수 : _____

02

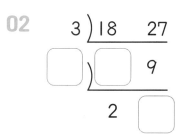

최대공약수 : _____

최소공배수 : _____

03

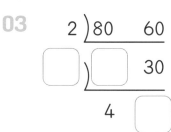

최대공약수 : _____

최소공배수 : _____

04

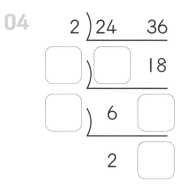

최대공약수 : _____

최소공배수 : _____

05

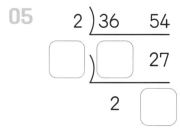

최대공약수 : _____

최소공배수 : _____

06

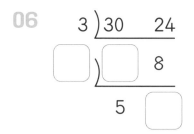

최대공약수 : _____

최소공배수 : _____

07

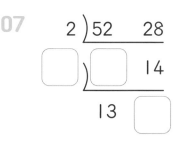

최대공약수 : _____

최소공배수 : _____

08

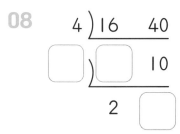

최대공약수 : _____

최소공배수 : _____

10 ⓑ 큰 수로 나누면 답을 빨리 찾을 수 있어요

두 수의 최대공약수와 최소공배수를 구하세요.

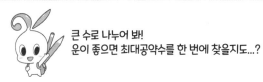

큰 수로 나누어 봐!
운이 좋으면 최대공약수를 한 번에 찾을지도...?

01 $\overline{)25 \quad 15}$

최대공약수 : _____

최소공배수 : _____

02 $\overline{)30 \quad 12}$

최대공약수 : _____

최소공배수 : _____

03 $\overline{)24 \quad 18}$

최대공약수 : _____

최소공배수 : _____

04 $\overline{)27 \quad 15}$

최대공약수 : _____

최소공배수 : _____

05 $\overline{)16 \quad 36}$

최대공약수 : _____

최소공배수 : _____

06 $\overline{)39 \quad 26}$

최대공약수 : _____

최소공배수 : _____

07 $\overline{)14 \quad 35}$

최대공약수 : _____

최소공배수 : _____

08 $\overline{)48 \quad 18}$

최대공약수 : _____

최소공배수 : _____

09 $\overline{)42 \quad 49}$

최대공약수 : _____

최소공배수 : _____

♀️ 두 수의 최대공약수와 최소공배수를 구하세요.

01 ⟩42　30

최대공약수 : _____

최소공배수 : _____

02 ⟩44　33

최대공약수 : _____

최소공배수 : _____

03 ⟩48　16

최대공약수 : _____

최소공배수 : _____

04 ⟩42　21

최대공약수 : _____

최소공배수 : _____

05 ⟩30　50

최대공약수 : _____

최소공배수 : _____

06 ⟩12　40

최대공약수 : _____

최소공배수 : _____

07 ⟩14　16

최대공약수 : _____

최소공배수 : _____

08 ⟩16　24

최대공약수 : _____

최소공배수 : _____

09 ⟩36　45

최대공약수 : _____

최소공배수 : _____

Ⓐ 왼쪽에는 공약수, 아래에는 나눈 몫을 써요

🔎 두 수의 최대공약수와 최소공배수를 구하세요.

01)18 16

02)24 40

03)48 36

최대공약수 : _____

최소공배수 : _____

최대공약수 : _____

최소공배수 : _____

최대공약수 : _____

최소공배수 : _____

04)5 35

05)15 21

06)20 44

최대공약수 : _____

최소공배수 : _____

최대공약수 : _____

최소공배수 : _____

최대공약수 : _____

최소공배수 : _____

07)28 42

08)8 10

09)36 54

최대공약수 : _____

최소공배수 : _____

최대공약수 : _____

최소공배수 : _____

최대공약수 : _____

최소공배수 : _____

💡 두 수의 최대공약수와 최소공배수를 구하세요.

01 $\overline{)75\quad 25}$

최대공약수 : _____

최소공배수 : _____

02 $\overline{)27\quad 18}$

최대공약수 : _____

최소공배수 : _____

03 $\overline{)14\quad 21}$

최대공약수 : _____

최소공배수 : _____

04 $\overline{)10\quad 12}$

최대공약수 : _____

최소공배수 : _____

05 $\overline{)42\quad 30}$

최대공약수 : _____

최소공배수 : _____

06 $\overline{)24\quad 9}$

최대공약수 : _____

최소공배수 : _____

07 $\overline{)32\quad 12}$

최대공약수 : _____

최소공배수 : _____

08 $\overline{)24\quad 36}$

최대공약수 : _____

최소공배수 : _____

09 $\overline{)40\quad 60}$

최대공약수 : _____

최소공배수 : _____

최대공약수, 최소공배수 나누어 구하기 연습
한 번 더 나눌 수 있는지 확인해 봐요

🔑 두 수의 최대공약수와 최소공배수를 구하세요.

01) 22   33

02) 24   20

03) 16   6

최대공약수 : _____
최소공배수 : _____

최대공약수 : _____
최소공배수 : _____

최대공약수 : _____
최소공배수 : _____

04) 30   18

05) 12   54

06) 16   60

최대공약수 : _____
최소공배수 : _____

최대공약수 : _____
최소공배수 : _____

최대공약수 : _____
최소공배수 : _____

07) 72   54

08) 28   35

09) 32   16

최대공약수 : _____
최소공배수 : _____

최대공약수 : _____
최소공배수 : _____

최대공약수 : _____
최소공배수 : _____

🔢 두 수의 최대공약수와 최소공배수를 구하세요.

01 ⟍9 15

최대공약수 : _____

최소공배수 : _____

02 ⟍15 40

최대공약수 : _____

최소공배수 : _____

03 ⟍16 12

최대공약수 : _____

최소공배수 : _____

04 ⟍14 18

최대공약수 : _____

최소공배수 : _____

05 ⟍30 40

최대공약수 : _____

최소공배수 : _____

06 ⟍63 21

최대공약수 : _____

최소공배수 : _____

07 ⟍30 105

최대공약수 : _____

최소공배수 : _____

08 ⟍84 63

최대공약수 : _____

최소공배수 : _____

09 ⟍66 12

최대공약수 : _____

최소공배수 : _____

다음은 두 수를 1을 제외한 여러 수의 곱으로 나타내어 최대공약수와 최소공배수를 구하는 방법입니다.

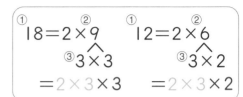

① 수를 곱셈식으로 나타내어 줍니다.

② 곱셈식의 수 중, 더 작은 수의 곱으로 가를 수 있는 수를 찾아 갈라줍니다.

③ 더 이상 가를 수 없을 때까지 반복합니다.

최대공약수는 공통된 수를 곱하여 구합니다.

➡ 최대공약수 : 2×3

수를 대충 가르면 나처럼 틀릴 수 있어!

$18=2×9, 12=2×6$

→ 최대공약수 : 2 (X)

→ 최소공배수 : 2×6×9 (X)

최소공배수는 공통된 수와 나머지 수를 모두 곱하여 구합니다.

➡ 최소공배수 : 2×3×3×2

두 수의 최대공약수와 최소공배수를 곱셈식으로 나타내어 구하세요.

$20=2×2×5$

$24=2×2×2×3$

최대공약수 : $2×2=4$

최소공배수 : $2×2×5×2×3=120$

01 $14=2×7$

$32=2×2×2×2×2$

최대공약수 : _____

최소공배수 : _____

02 $16=2×2×2×2$

$20=2×2×5$

최대공약수 : _____

최소공배수 : _____

03 $25=5×5$

$40=2×2×2×5$

최대공약수 : _____

최소공배수 : _____

 □ 안에 알맞은 수를 써넣고, 두 수의 최대공약수와 최소공배수를 곱셈식으로 나타내어 구하세요.

$18 = 2 \times \boxed{3} \times \boxed{3}$

$6 = 2 \times \boxed{3}$

최대공약수 : $2 \times 3 = 6$

최소공배수 : $2 \times 3 \times 3 = 18$

01 $16 = 2 \times \boxed{} \times \boxed{} \times \boxed{}$

$30 = 2 \times 3 \times \boxed{}$

최대공약수 : _____

최소공배수 : _____

02 $24 = 2 \times \boxed{} \times \boxed{} \times \boxed{}$

$16 = 2 \times 2 \times \boxed{} \times \boxed{}$

최대공약수 : _____

최소공배수 : _____

03 $28 = 2 \times \boxed{} \times \boxed{}$

$24 = 2 \times \boxed{} \times \boxed{} \times \boxed{}$

최대공약수 : _____

최소공배수 : _____

04 $18 = 2 \times \boxed{} \times \boxed{}$

$27 = 3 \times \boxed{} \times \boxed{}$

최대공약수 : _____

최소공배수 : _____

05 $42 = 2 \times \boxed{} \times \boxed{}$

$56 = 2 \times \boxed{} \times \boxed{} \times \boxed{}$

최대공약수 : _____

최소공배수 : _____

06 $12 = 2 \times \boxed{} \times \boxed{}$

$30 = 2 \times \boxed{} \times \boxed{}$

최대공약수 : _____

최소공배수 : _____

07 $40 = 2 \times \boxed{} \times \boxed{} \times \boxed{}$

$15 = 3 \times \boxed{}$

최대공약수 : _____

최소공배수 : _____

곱셈식으로 두 수의 최대공약수와 최소공배수를 구하세요.

$12 = 2 \times 2 \times 3$

$30 = 2 \times 3 \times 5$

최대공약수 : $2 \times 3 = 6$

최소공배수 : $2 \times 3 \times 2 \times 5 = 60$

01 $15 = $ _____

$36 = $ _____

최대공약수 : _____

최소공배수 : _____

02 $50 = $ _____

$30 = $ _____

최대공약수 : _____

최소공배수 : _____

03 $42 = $ _____

$28 = $ _____

최대공약수 : _____

최소공배수 : _____

04 $14 = $ _____

$56 = $ _____

최대공약수 : _____

최소공배수 : _____

05 $60 = $ _____

$16 = $ _____

최대공약수 : _____

최소공배수 : _____

06 $22 = $ _____

$33 = $ _____

최대공약수 : _____

최소공배수 : _____

07 $27 = $ _____

$36 = $ _____

최대공약수 : _____

최소공배수 : _____

🔎 곱셈식으로 두 수의 최대공약수와 최소공배수를 구하세요.

01 18 = _____

   14 = _____

   최대공약수 : _____

   최소공배수 : _____

02 35 = _____

   20 = _____

   최대공약수 : _____

   최소공배수 : _____

03 18 = _____

   45 = _____

   최대공약수 : _____

   최소공배수 : _____

04 12 = _____

   42 = _____

   최대공약수 : _____

   최소공배수 : _____

05 28 = _____

   30 = _____

   최대공약수 : _____

   최소공배수 : _____

06 25 = _____

   45 = _____

   최대공약수 : _____

   최소공배수 : _____

07 78 = _____

   52 = _____

   최대공약수 : _____

   최소공배수 : _____

08 20 = _____

   28 = _____

   최대공약수 : _____

   최소공배수 : _____

🌱 곱셈식으로 두 수의 최대공약수와 최소공배수를 구하세요.

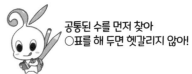

공통된 수를 먼저 찾아
○표를 해 두면 헷갈리지 않아!

01 45 = _____

18 = _____

최대공약수 : _____

최소공배수 : _____

02 36 = _____

12 = _____

최대공약수 : _____

최소공배수 : _____

03 12 = _____

22 = _____

최대공약수 : _____

최소공배수 : _____

04 15 = _____

20 = _____

최대공약수 : _____

최소공배수 : _____

05 45 = _____

10 = _____

최대공약수 : _____

최소공배수 : _____

06 60 = _____

45 = _____

최대공약수 : _____

최소공배수 : _____

07 70 = _____

42 = _____

최대공약수 : _____

최소공배수 : _____

08 52 = _____

22 = _____

최대공약수 : _____

최소공배수 : _____

🔔 곱셈식으로 두 수의 최대공약수와 최소공배수를 구하세요.

01 30 = _____

24 = _____

최대공약수 : _____

최소공배수 : _____

02 21 = _____

27 = _____

최대공약수 : _____

최소공배수 : _____

03 16 = _____

44 = _____

최대공약수 : _____

최소공배수 : _____

04 45 = _____

27 = _____

최대공약수 : _____

최소공배수 : _____

05 18 = _____

54 = _____

최대공약수 : _____

최소공배수 : _____

06 15 = _____

35 = _____

최대공약수 : _____

최소공배수 : _____

07 54 = _____

36 = _____

최대공약수 : _____

최소공배수 : _____

08 56 = _____

24 = _____

최대공약수 : _____

최소공배수 : _____

13 Ⓑ 제일 먼저 생각나는 곱셈식을 적고 수를 갈라 나가요

곱셈식으로 두 수의 최대공약수와 최소공배수를 구하세요.

01 33 = _____

24 = _____

최대공약수 : _____

최소공배수 : _____

02 36 = _____

40 = _____

최대공약수 : _____

최소공배수 : _____

03 27 = _____

45 = _____

최대공약수 : _____

최소공배수 : _____

04 84 = _____

24 = _____

최대공약수 : _____

최소공배수 : _____

05 18 = _____

42 = _____

최대공약수 : _____

최소공배수 : _____

06 26 = _____

39 = _____

최대공약수 : _____

최소공배수 : _____

07 20 = _____

52 = _____

최대공약수 : _____

최소공배수 : _____

08 54 = _____

24 = _____

최대공약수 : _____

최소공배수 : _____

🔍 곱셈식으로 두 수의 최대공약수와 최소공배수를 구하세요.

01 105 = _____

42 = _____

최대공약수 : _____

최소공배수 : _____

02 18 = _____

30 = _____

최대공약수 : _____

최소공배수 : _____

03 42 = _____

12 = _____

최대공약수 : _____

최소공배수 : _____

04 39 = _____

18 = _____

최대공약수 : _____

최소공배수 : _____

05 65 = _____

26 = _____

최대공약수 : _____

최소공배수 : _____

06 84 = _____

28 = _____

최대공약수 : _____

최소공배수 : _____

07 66 = _____

44 = _____

최대공약수 : _____

최소공배수 : _____

08 48 = _____

80 = _____

최대공약수 : _____

최소공배수 : _____

Ⓐ 공약수는 최대공약수의 약수!

두 수의 공약수는 최대공약수의 약수와 같습니다. 따라서, 공약수를 구할 때는 최대공약수를 먼저 구하고 최대공약수의 약수를 구하면 간편하게 구할 수 있습니다.

$$5\,)\overline{45\quad 30}$$
$$3\,)\overline{9\quad 6}$$
$$3\quad 2$$

$45 = 5 \times 3 \times 3$

$30 = 5 \times 3 \times 2$

45와 30의 공약수 : 1, 3, 5, 15
최대공약수 15의 약수 : 1, 3, 5, 15

➡ 최대공약수의 약수＝두 수의 공약수

두 수의 최대공약수를 구하고 공약수를 모두 구하세요.

최대공약수는 두 가지 방법 중 편한 걸로 구해!

01 8, 12

최대공약수 : _____

공약수 : _____

02 30, 40

최대공약수 : _____

공약수 : _____

03 15, 20

최대공약수 : _____

공약수 : _____

04 54, 42

최대공약수 : _____

공약수 : _____

05 24, 18

최대공약수 : _____

공약수 : _____

06 44, 36

최대공약수 : _____

공약수 : _____

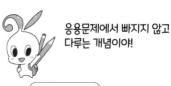

💡 두 수의 최대공약수를 구하고 공약수를 모두 구하세요.

01   20, 28

최대공약수 : _____

공약수 : _____

02   42, 70

최대공약수 : _____

공약수 : _____

03   32, 80

최대공약수 : _____

공약수 : _____

04   70, 40

최대공약수 : _____

공약수 : _____

05   24, 56

최대공약수 : _____

공약수 : _____

06   32, 36

최대공약수 : _____

공약수 : _____

07   27, 45

최대공약수 : _____

공약수 : _____

08   54, 66

최대공약수 : _____

공약수 : _____

두 수의 최대공약수에 ◯표, 공약수에 △표 하세요.

01
| 10 | 15 |

5 10 40 30 25

02
| 28 | 16 |

2 3 4 6 12

03
| 26 | 65 |

1 7 9 13 16

04
| 42 | 63 |

3 7 11 14 21

05
| 9 | 36 |

2 3 4 6 9

06
| 18 | 48 |

2 3 4 6 12

07
| 21 | 35 |

1 3 7 13 17

08
| 72 | 48 |

4 7 8 12 24

09
| 39 | 52 |

1 3 7 11 13

10
| 16 | 56 |

2 6 8 9 16

🐰 [보기]와 같이 두 수의 최대공약수와 공약수의 개수를 써넣으세요.

[보기]

8	24
8	4

왼쪽이 최대공약수고
오른쪽이 공약수의 개수네!

01
30   12

02
39   13

03
42   30

04
54   36

05
30   15

06
60   40

07
40   28

08
25   15

09
21   49

10
56   42

11
36   48

최소공배수의 배수는 두 수의 공배수!

두 수의 공배수는 최소공배수의 배수와 같습니다. 따라서, 공배수를 구할 때는 최소공배수를 먼저 구하고 최소공배수의 배수를 구하면 간편하게 구할 수 있습니다.

최소공배수를 1배, 2배, 3배, … 하면 공배수가 돼!

```
5 ) 15   30          15 = 5 × 3 × 1
3 )  3    6          30 = 5 × 3 × 2
     1    2
```

15와 30의 공배수 : 30, 60, 90, …

최소공배수 30의 배수 : 30, 60, 90, …

→ 최소공배수의 배수 = 두 수의 공배수

🐰 두 수의 최소공배수를 구하고 두 수의 공배수를 작은 수부터 크기 순서대로 3개 쓰세요.

01

40, 24

최소공배수는 두 가지 방법 중 편한 걸로 구해!

최소공배수 : _____

공배수 : _____

02

18, 30

최소공배수 : _____

공배수 : _____

03

45, 36

최소공배수 : _____

공배수 : _____

04

36, 8

최소공배수 : _____

공배수 : _____

05

12, 28

최소공배수 : _____

공배수 : _____

06

16, 40

최소공배수 : _____

공배수 : _____

💡 두 수의 최소공배수를 구하고 두 수의 공배수를 작은 수부터 크기 순서대로 3개 쓰세요.

01 9, 15

최소공배수 : _____

공배수 : _____

02 32, 24

최소공배수 : _____

공배수 : _____

03 36, 12

최소공배수 : _____

공배수 : _____

04 14, 21

최소공배수 : _____

공배수 : _____

05 30, 20

최소공배수 : _____

공배수 : _____

06 24, 30

최소공배수 : _____

공배수 : _____

07 18, 48

최소공배수 : _____

공배수 : _____

08 42, 20

최소공배수 : _____

공배수 : _____

15 B 공배수는 최소공배수를 몇 배 한 값이에요

두 수의 최소공배수를 구하고 두 번째로 작은 공배수를 구하세요.

```
 9 ) 18   27
      2    3
```

최소공배수 : 54

두 번째 공배수 : 108

최소공배수가 54니까
두 번째 공배수는 54를
2배 한 값이야!

01
```
  ) 25   45
```
최소공배수 : _____

두 번째 공배수 : _____

02
```
  ) 4    24
```
최소공배수 : _____

두 번째 공배수 : _____

03
```
  ) 14   21
```
최소공배수 : _____

두 번째 공배수 : _____

04
```
  ) 24   40
```
최소공배수 : _____

두 번째 공배수 : _____

05
```
  ) 24   52
```
최소공배수 : _____

두 번째 공배수 : _____

06
```
  ) 18   42
```
최소공배수 : _____

두 번째 공배수 : _____

07
```
  ) 72   30
```
최소공배수 : _____

두 번째 공배수 : _____

08
```
  ) 16   48
```
최소공배수 : _____

두 번째 공배수 : _____

2
PART

🐰 [보기]와 같이 순서에 맞는 두 수의 공배수를 써넣으려고 합니다. ⬜ 안에 알맞은 수를 써 넣으세요.

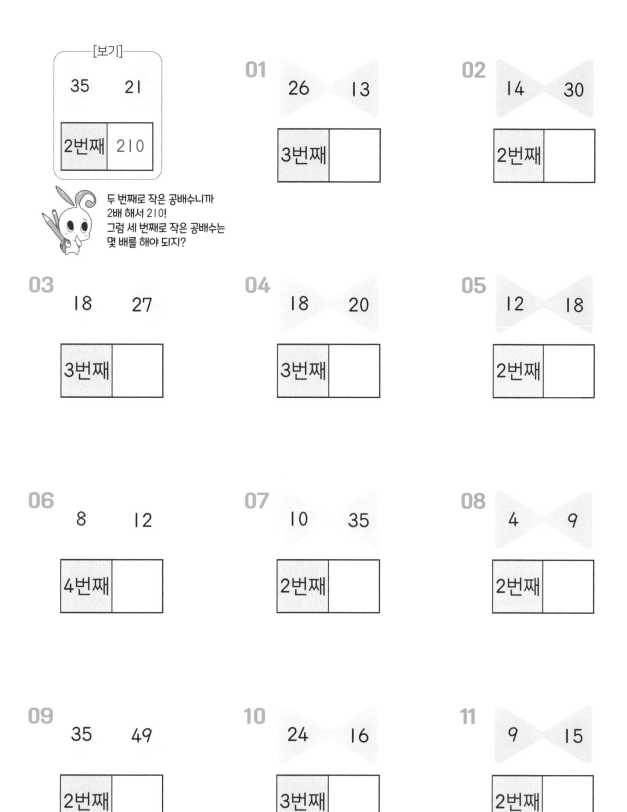

[보기]

35   21

| 2번째 | 210 |

두 번째로 작은 공배수니까
2배 해서 210!
그럼 세 번째로 작은 공배수는
몇 배를 해야 되지?

01   26   13

| 3번째 | |

02   14   30

| 2번째 | |

03   18   27

| 3번째 | |

04   18   20

| 3번째 | |

05   12   18

| 2번째 | |

06   8   12

| 4번째 | |

07   10   35

| 2번째 | |

08   4   9

| 2번째 | |

09   35   49

| 2번째 | |

10   24   16

| 3번째 | |

11   9   15

| 2번째 | |

16 Ⓐ 두 가지 방법을 연습해 봐요

두 수의 최대공약수와 최소공배수를 구하세요.

큰 수로 나누면 답을 빨리 찾을 수 있어!

01 $)\overline{20 \quad 12}$

최대공약수 : _____

최소공배수 : _____

02 $)\overline{48 \quad 36}$

최대공약수 : _____

최소공배수 : _____

03 $)\overline{26 \quad 78}$

최대공약수 : _____

최소공배수 : _____

04 $)\overline{45 \quad 50}$

최대공약수 : _____

최소공배수 : _____

05 $)\overline{12 \quad 48}$

최대공약수 : _____

최소공배수 : _____

06 $)\overline{49 \quad 14}$

최대공약수 : _____

최소공배수 : _____

07 $)\overline{30 \quad 42}$

최대공약수 : _____

최소공배수 : _____

08 $)\overline{14 \quad 18}$

최대공약수 : _____

최소공배수 : _____

09 $)\overline{24 \quad 48}$

최대공약수 : _____

최소공배수 : _____

두 수의 최대공약수와 최소공배수를 구하세요.

 가능한 한 여러 수로 가르는 게 중요해!

01 14 = _____

28 = _____

최대공약수 : _____

최소공배수 : _____

02 15 = _____

27 = _____

최대공약수 : _____

최소공배수 : _____

03 35 = _____

21 = _____

최대공약수 : _____

최소공배수 : _____

04 70 = _____

28 = _____

최대공약수 : _____

최소공배수 : _____

05 18 = _____

24 = _____

최대공약수 : _____

최소공배수 : _____

06 24 = _____

22 = _____

최대공약수 : _____

최소공배수 : _____

07 54 = _____

66 = _____

최대공약수 : _____

최소공배수 : _____

08 24 = _____

40 = _____

최대공약수 : _____

최소공배수 : _____

16 Ⓑ 두 가지 방법을 다시 한번 익혀요

🔎 두 수의 최대공약수와 최소공배수를 구하세요.

01 $\overline{)6\quad 10}$

최대공약수 : _____

최소공배수 : _____

02 $\overline{)15\quad 45}$

최대공약수 : _____

최소공배수 : _____

03 $\overline{)48\quad 60}$

최대공약수 : _____

최소공배수 : _____

04 $\overline{)80\quad 32}$

최대공약수 : _____

최소공배수 : _____

05 $\overline{)12\quad 30}$

최대공약수 : _____

최소공배수 : _____

06 $\overline{)28\quad 7}$

최대공약수 : _____

최소공배수 : _____

07 $\overline{)64\quad 44}$

최대공약수 : _____

최소공배수 : _____

08 $\overline{)84\quad 63}$

최대공약수 : _____

최소공배수 : _____

09 $\overline{)49\quad 14}$

최대공약수 : _____

최소공배수 : _____

🔍 두 수의 최대공약수와 최소공배수를 구하세요.

01 9 = _____

45 = _____

최대공약수 : _____

최소공배수 : _____

02 24 = _____

15 = _____

최대공약수 : _____

최소공배수 : _____

03 54 = _____

28 = _____

최대공약수 : _____

최소공배수 : _____

04 35 = _____

10 = _____

최대공약수 : _____

최소공배수 : _____

05 16 = _____

24 = _____

최대공약수 : _____

최소공배수 : _____

06 42 = _____

24 = _____

최대공약수 : _____

최소공배수 : _____

07 8 = _____

54 = _____

최대공약수 : _____

최소공배수 : _____

08 14 = _____

77 = _____

최대공약수 : _____

최소공배수 : _____

아래 칸은 위 칸의 최대공약수와 최소공배수입니다. 수가 잘못 적힌 칸에 X표 하세요.

예시

5	15
최대공약수	최소공배수
5 ✗	15

01

12	15
5	60

02

21	14
7	84

03

25	15
5	150

04

28	18
9	252

05

12	16
4	96

06

15	24
9	120

07

39	26
13	156

08

18	24
3	72

09

52	36
4	416

10

14	42
7	42

11

6	8
6	24

🧐 두 수의 최대공약수와 최소공배수를 찾아 연결하세요.

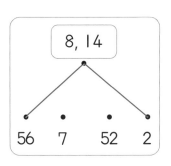

8, 14
56 7 52 2

01
9, 21
72 7 3 63

02
6, 10
2 4 30 20

03
15, 21
3 105 9 75

04
18, 45
180 90 3 9

05
21, 49
343 7 147 3

06
28, 42
168 14 7 84

07
44, 16
176 88 4 8

08
35, 25
5 350 10 175

09
14, 18
3 2 126 63

10
36, 48
72 12 6 144

11
12, 40
2 120 240 4

01 다음 수의 약수와 배수를 구하세요. 단, 배수는 작은 수부터 크기 순서대로 3개씩 쓰세요.

9

14

약수 : _____

약수 : _____

배수 : _____

배수 : _____

02 약수의 수가 많은 수부터 순서대로 쓰세요.

9, 14, 45	20, 21, 24	6, 30, 50

(   )   (   )   (   )

03 두 수가 약수와 배수 관계인 것에 ○표, 아닌 것에 X표 하세요.

14	28

24	64

18	81

(   )   (   )   (   )

04 ☐ 안에 알맞은 수를 써넣고, 두 수의 최대공약수와 최소공배수를 구하세요.

$36 = 2 \times \boxed{} \times \boxed{} \times \boxed{}$

$48 = 2 \times 3 \times \boxed{} \times \boxed{} \times \boxed{}$

$18 = \boxed{} \times \boxed{} \times \boxed{}$

$28 = 2 \times \boxed{} \times \boxed{}$

최대공약수 : _____

최대공약수 : _____

최소공배수 : _____

최소공배수 : _____

05 ☐ 안에 알맞은 수를 써넣고, 두 수의 최대공약수와 최소공배수를 구하세요.

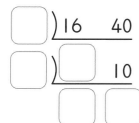

최대공약수 : _____

최소공배수 : _____

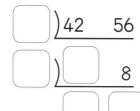

최대공약수 : _____

최소공배수 : _____

06 두 수의 최대공약수와 최소공배수를 구하세요.

 둘 중 편한 방법으로 구해 보자!

| 12, 18 | 40, 25 | 36, 48 |

최대공약수 : _____   최대공약수 : _____   최대공약수 : _____

최소공배수 : _____   최소공배수 : _____   최소공배수 : _____

07 어떤 두 수의 최대공약수가 다음과 같을 때 공약수를 모두 구하세요.

 공약수와 최대공약수의 관계를 생각해!

28

35

공약수 : _____

공약수 : _____

08 어떤 두 수의 최소공배수가 다음과 같을 때 공배수를 작은 수부터 크기 순서대로 3개 쓰세요.

14

15

공배수 : _____

공배수 : _____

퍼즐의 왼쪽 위에서 중심까지 길을 따라가면 1, 2, 3 숫자가 순서대로 반복해서 나타납니다. 세로와 가로에는 1, 2, 3이 모두 한 번씩 들어갑니다. 규칙에 맞게 수를 채워 넣으세요.

(예시1)
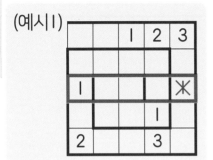

(예시2)
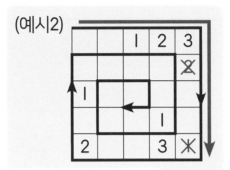

(예시3)
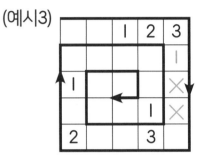

틀렸어!
같은 줄에는 1, 2, 3이 한 번씩만 들어가야 해!
5칸에 숫자 3개만 쓰니까 당연히 빈칸도 생기겠지?

틀렸어!
순서는 길을 따라가며 1, 2, 3, 1, 2, 3, 1, 2, 3, …

그래! 이거야!
아래 두 가로줄에는 이미 1이 있으니까, 여기가 1!

3 PART

약분과 통분, 분수의 덧셈과 뺄셈

⚠ 차시별로 정답률을 확인하고, 성취도에 ○표 하세요.

😀 80% 이상 맞혔어요.　　😐 60%~80% 맞혔어요.　　😫 60% 이하 맞혔어요.

차시	단원	성취도		
18	약분과 통분	😀	😐	😫
19	약분과 통분 연습	😀	😐	😫
20	분수의 크기 비교	😀	😐	😫
21	분수의 크기 비교 연습	😀	😐	😫
22	진분수의 덧셈과 뺄셈	😀	😐	😫
23	진분수의 덧셈과 뺄셈 연습	😀	😐	😫
24	대분수의 덧셈과 뺄셈	😀	😐	😫
25	대분수의 덧셈과 뺄셈 연습	😀	😐	😫
26	분수의 덧셈과 뺄셈 연습 1	😀	😐	😫
27	분수의 덧셈과 뺄셈 연습 2	😀	😐	😫

18 Ⓐ 분모와 분자를 같은 수로 나누면 크기가 변하지 않아요

분모와 분자를 두 수의 공약수로 나누어 간단하게 나타내는 것을 약분한다고 합니다.

$\dfrac{\overset{2}{\cancel{4}}}{\underset{3}{\cancel{6}}} = \dfrac{2}{3}$ ➡ 공약수 2로 나누어 약분하였습니다.

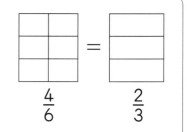

$\dfrac{4}{6}$ $\dfrac{2}{3}$

분수를 약분하였습니다. ☐ 안에 알맞은 수를 써넣으세요.

01 $\dfrac{12}{20} = \dfrac{\boxed{}}{10} = \dfrac{\boxed{}}{5}$

02 $\dfrac{8}{36} = \dfrac{4}{\boxed{}} = \dfrac{2}{\boxed{}}$

03 $\dfrac{9}{18} = \dfrac{\boxed{}}{6} = \dfrac{\boxed{}}{2}$

04 $\dfrac{16}{20} = \dfrac{8}{\boxed{}} = \dfrac{4}{\boxed{}}$

05 $\dfrac{18}{27} = \dfrac{\boxed{}}{9} = \dfrac{\boxed{}}{3}$

06 $\dfrac{50}{75} = \dfrac{10}{\boxed{}} = \dfrac{2}{\boxed{}}$

분모와 분자의 공약수가 1뿐인 분수를 기약분수라고 합니다.

$\dfrac{\overset{2}{\cancel{4}}}{\underset{6}{\cancel{12}}} = \dfrac{\overset{1}{\cancel{2}}}{\underset{3}{\cancel{6}}} = \dfrac{1}{3}$ ➡ $\dfrac{1}{3}$은 기약분수입니다.

분자와 분모의 최대공약수로 약분하세요.

최대공약수로 약분하면
바로 기약분수가 돼!

07 $\dfrac{24}{28} = \boxed{}$

08 $\dfrac{28}{42} = \boxed{}$

09 $\dfrac{18}{27} = \boxed{}$

10 $\dfrac{12}{30} = \boxed{}$

11 $\dfrac{36}{48} = \boxed{}$

12 $\dfrac{32}{80} = \boxed{}$

🎵 다음 분수를 기약분수로 나타내세요.

01 $\dfrac{16}{24}=$

02 $\dfrac{20}{28}=$

03 $\dfrac{12}{60}=$

04 $\dfrac{42}{56}=$

05 $\dfrac{20}{32}=$

06 $\dfrac{45}{63}=$

07 $\dfrac{32}{72}=$

08 $\dfrac{32}{44}=$

09 $\dfrac{50}{75}=$

10 $\dfrac{13}{78}=$

11 $\dfrac{30}{42}=$

12 $\dfrac{40}{70}=$

13 $\dfrac{12}{48}=$

14 $\dfrac{18}{54}=$

15 $\dfrac{16}{96}=$

16 $\dfrac{42}{63}=$

17 $\dfrac{15}{60}=$

18 $\dfrac{16}{52}=$

18 ⓑ 분모와 분자에 같은 수를 곱하면 크기가 변하지 않아요

두 분수의 분모를 같게 만드는 것을 **통분**이라 하고 통분한 분모를 **공통분모**라고 합니다.

① 두 분모의 곱을 공통분모로 하여 통분하기

6과 8의 곱 : 48

$$\frac{5}{6}, \frac{3}{8} \rightarrow \frac{5 \times 8}{6 \times 8}, \frac{3 \times 6}{8 \times 6} \rightarrow \frac{40}{48}, \frac{18}{48}$$

공**통분모**를 만들어야 하니까 **통분**이야!

② 두 분모의 최소공배수를 공통분모로 하여 통분하기

6과 8의 최소공배수 : 24

$$\frac{5}{6}, \frac{3}{8} \rightarrow \frac{5 \times 4}{6 \times 4}, \frac{3 \times 3}{8 \times 3} \rightarrow \frac{20}{24}, \frac{9}{24}$$

①번 방법은 어떤 수를 곱해야 하는지 찾기 쉽고
②번 방법은 곱하는 수가 작아 계산하기 쉽고~

🔑 두 분수를 두 가지의 공통분모로 통분하세요.

$$\frac{1}{4} \quad \frac{1}{6}$$

분모의 곱 : $\frac{6}{24}, \frac{4}{24}$

최소공배수 : $\frac{3}{12}, \frac{2}{12}$

01
$$\frac{3}{14} \quad \frac{1}{4}$$

분모의 곱 : _____

최소공배수 : _____

02
$$\frac{5}{8} \quad \frac{3}{4}$$

분모의 곱 : _____

최소공배수 : _____

03
$$\frac{2}{9} \quad \frac{1}{6}$$

분모의 곱 : _____

최소공배수 : _____

04
$$\frac{7}{10} \quad \frac{7}{8}$$

분모의 곱 : _____

최소공배수 : _____

05
$$\frac{5}{12} \quad \frac{5}{8}$$

분모의 곱 : _____

최소공배수 : _____

대분수는 자연수를 제외하고 분모와 분자에만 같은 수를 곱해 통분합니다.

$$1\frac{1}{4}, 1\frac{4}{7} \rightarrow 1\frac{1\times7}{4\times7}, 1\frac{4\times4}{7\times4} \rightarrow 1\frac{7}{28}, 1\frac{16}{28}$$

🐌 두 분수를 두 가지의 공통분모로 통분하세요.

01 $\dfrac{1}{15}$ $\dfrac{1}{10}$

분모의 곱 : _____

최소공배수 : _____

02 $\dfrac{7}{16}$ $\dfrac{5}{12}$

분모의 곱 : _____

최소공배수 : _____

03 $\dfrac{1}{8}$ $\dfrac{3}{14}$

분모의 곱 : _____

최소공배수 : _____

04 $2\dfrac{1}{6}$ $1\dfrac{1}{3}$

분모의 곱 : _____

최소공배수 : _____

05 $4\dfrac{7}{9}$ $4\dfrac{5}{6}$

분모의 곱 : _____

최소공배수 : _____

06 $\dfrac{8}{21}$ $\dfrac{5}{7}$

분모의 곱 : _____

최소공배수 : _____

07 $7\dfrac{9}{14}$ $7\dfrac{5}{6}$

분모의 곱 : _____

최소공배수 : _____

08 $\dfrac{4}{21}$ $\dfrac{3}{14}$

분모의 곱 : _____

최소공배수 : _____

09 $1\dfrac{3}{5}$ $\dfrac{11}{15}$

분모의 곱 : _____

최소공배수 : _____

분모와 분자에 같은 수를 곱하거나 나누어 답을 찾아봐요

🔍 그림을 보고 ☐ 안에 알맞은 수를 써넣으세요.

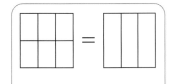

$$\frac{4}{6} = \frac{4 \div 2}{6 \div 2} = \frac{2}{3}$$

01

$$\frac{6}{8} = \frac{6 \div \boxed{}}{8 \div \boxed{}} = \frac{\boxed{}}{\boxed{}}$$

02

$$\frac{8}{12} = \frac{8 \div \boxed{}}{12 \div \boxed{}} = \frac{\boxed{}}{\boxed{}}$$

03

$$\frac{1}{2} = \frac{1 \times \boxed{}}{2 \times \boxed{}} = \frac{\boxed{}}{\boxed{}}$$

04

$$\frac{4}{8} = \frac{4 \div \boxed{}}{8 \div \boxed{}} = \frac{\boxed{}}{\boxed{}}$$

05

$$\frac{2}{6} = \frac{2 \div \boxed{}}{6 \div \boxed{}} = \frac{\boxed{}}{\boxed{}}$$

06

$$\frac{8}{10} = \frac{8 \div \boxed{}}{10 \div \boxed{}} = \frac{\boxed{}}{\boxed{}}$$

07

$$\frac{1}{2} = \frac{1 \times \boxed{}}{2 \times \boxed{}} = \frac{\boxed{}}{\boxed{}}$$

🐰 두 분수를 [보기]와 같이 두 가지 공통분모로 통분하였습니다. □ 안에 알맞은 수를 써넣으세요.

[보기]

$\dfrac{1}{6}$ $\dfrac{1}{3}$ → $\dfrac{3}{18}, \dfrac{6}{18}$ → $\dfrac{1}{6}, \dfrac{2}{6}$

 왼쪽은 분모의 곱이, 오른쪽은 최소공배수가 공통분모야!

3 PART

01 $\dfrac{3}{4}$ $\dfrac{3}{10}$ ▢ ▢

02 $\dfrac{7}{8}$ $\dfrac{5}{6}$ ▢ ▢

03 $\dfrac{5}{12}$ $\dfrac{1}{6}$ ▢ ▢

04 $\dfrac{3}{7}$ $\dfrac{9}{14}$ ▢ ▢

05 $\dfrac{5}{6}$ $\dfrac{4}{15}$ ▢ ▢

06 $3\dfrac{7}{12}$ $3\dfrac{5}{8}$ ▢ ▢

07 $2\dfrac{1}{6}$ $2\dfrac{3}{16}$ ▢ ▢

08 $4\dfrac{3}{8}$ $3\dfrac{7}{20}$ ▢ ▢

09 $1\dfrac{4}{9}$ $1\dfrac{1}{12}$ ▢ ▢

10 $8\dfrac{5}{14}$ $8\dfrac{8}{21}$ ▢ ▢

11 $5\dfrac{3}{10}$ $2\dfrac{8}{15}$ ▢ ▢

19 Ⓑ 분수의 덧셈과 뺄셈을 하기 위한 기초 훈련이에요

다음 분수와 크기가 같은 분수를 모두 찾아 ◯표 하세요.

$$\frac{12}{24}$$

$\frac{1}{3}$ $\textcircled{\frac{1}{2}}$ $\frac{8}{12}$ $\frac{4}{6}$ $\textcircled{\frac{24}{48}}$

01 $\dfrac{12}{20}$

$\frac{2}{5}$ $\frac{6}{10}$ $\frac{3}{5}$ $\frac{22}{40}$ $\frac{3}{4}$

02 $\dfrac{6}{18}$

$\frac{12}{36}$ $\frac{18}{54}$ $\frac{2}{3}$ $\frac{3}{4}$ $\frac{2}{6}$

03 $\dfrac{16}{48}$

$\frac{4}{12}$ $\frac{9}{24}$ $\frac{3}{6}$ $\frac{1}{3}$ $\frac{30}{96}$

04 $\dfrac{24}{32}$

$\frac{48}{64}$ $\frac{5}{8}$ $\frac{10}{16}$ $\frac{9}{16}$ $\frac{3}{4}$

05 $\dfrac{36}{54}$

$\frac{74}{108}$ $\frac{18}{27}$ $\frac{14}{18}$ $\frac{5}{9}$ $\frac{2}{3}$

06 $\dfrac{12}{36}$

$\frac{2}{3}$ $\frac{8}{18}$ $\frac{2}{6}$ $\frac{4}{12}$ $\frac{5}{9}$

07 $\dfrac{14}{42}$

$\frac{28}{84}$ $\frac{32}{84}$ $\frac{8}{21}$ $\frac{3}{6}$ $\frac{1}{3}$

두 분수를 [보기]와 같은 방법으로 통분하세요.

[보기]
$\frac{1}{4}$ $\frac{1}{8}$
$\frac{2}{8}$ $\frac{1}{8}$

두 가지 공통분모 중 뭘로 통분한거지?

01 $\frac{7}{12}$ $\frac{5}{6}$

02 $\frac{3}{20}$ $\frac{4}{15}$

03 $\frac{9}{14}$ $\frac{3}{10}$

04 $\frac{11}{36}$ $\frac{5}{27}$

05 $\frac{7}{12}$ $\frac{5}{16}$

06 $\frac{6}{11}$ $\frac{8}{33}$

07 $\frac{4}{9}$ $\frac{1}{12}$

08 $\frac{7}{16}$ $\frac{13}{24}$

09 $5\frac{1}{8}$ $5\frac{3}{14}$

10 $2\frac{11}{24}$ $2\frac{5}{12}$

11 $5\frac{13}{18}$ $6\frac{13}{27}$

12 $9\frac{4}{5}$ $7\frac{13}{25}$

13 $1\frac{16}{21}$ $1\frac{6}{7}$

14 $4\frac{1}{6}$ $1\frac{5}{14}$

20 A 분모를 같게 만들어야 정확한 크기 비교가 가능해요

분수의 크기를 비교하려면 통분을 해야 합니다. 통분하였을 때, 분자가 큰 분수가 더 큰 분수입니다.

$$\frac{2}{3} \bigcirc< \frac{5}{6}$$

$$\frac{2}{3}, \frac{5}{6} \longrightarrow \frac{2\times2}{3\times2}, \frac{5\times1}{6\times1} \longrightarrow \frac{4}{6}, \frac{5}{6}$$

□ 안에 알맞은 수를 써넣고, 두 분수의 크기를 비교하여 ○ 안에 >, =, <를 써넣으세요.

$$\frac{8}{20} \bigcirc< \frac{7}{15}$$

$$\left(\frac{8}{20}, \frac{7}{15}\right) \longrightarrow \left(\frac{24}{60}, \frac{28}{60}\right)$$

01

$$\frac{7}{18} \bigcirc \frac{7}{20}$$

$$\left(\frac{7}{18}, \frac{7}{20}\right) \longrightarrow \left(\frac{\square}{180}, \frac{\square}{\square}\right)$$

02

$$\frac{13}{24} \bigcirc \frac{11}{18}$$

$$\left(\frac{13}{24}, \frac{11}{18}\right) \longrightarrow \left(\frac{\square}{144}, \frac{\square}{\square}\right)$$

03

$$\frac{7}{16} \bigcirc \frac{5}{12}$$

$$\left(\frac{7}{16}, \frac{5}{12}\right) \longrightarrow \left(\frac{\square}{48}, \frac{\square}{\square}\right)$$

04

$$\frac{5}{18} \bigcirc \frac{4}{15}$$

$$\left(\frac{5}{18}, \frac{4}{15}\right) \longrightarrow \left(\frac{\square}{90}, \frac{\square}{\square}\right)$$

05

$$\frac{5}{6} \bigcirc \frac{9}{10}$$

$$\left(\frac{5}{6}, \frac{9}{10}\right) \longrightarrow \left(\frac{\square}{30}, \frac{\square}{\square}\right)$$

🐣 두 분수의 크기를 비교하여 ◯ 안에 >, =, <를 써넣으세요.

01 $\dfrac{2}{5}$ ◯ $\dfrac{4}{15}$

02 $6\dfrac{1}{5}$ ◯ $6\dfrac{3}{13}$

03 $\dfrac{5}{6}$ ◯ $\dfrac{13}{18}$

04 $1\dfrac{4}{11}$ ◯ $1\dfrac{7}{22}$

05 $\dfrac{5}{12}$ ◯ $\dfrac{7}{15}$

06 $7\dfrac{15}{16}$ ◯ $7\dfrac{11}{12}$

07 $\dfrac{5}{8}$ ◯ $\dfrac{13}{24}$

08 $1\dfrac{2}{9}$ ◯ $1\dfrac{4}{15}$

09 $\dfrac{2}{5}$ ◯ $\dfrac{4}{13}$

10 $4\dfrac{11}{24}$ ◯ $4\dfrac{7}{16}$

11 $\dfrac{9}{14}$ ◯ $\dfrac{13}{21}$

12 $5\dfrac{3}{5}$ ◯ $5\dfrac{2}{3}$

13 $\dfrac{19}{30}$ ◯ $\dfrac{17}{24}$

14 $12\dfrac{3}{13}$ ◯ $12\dfrac{5}{26}$

소수와 분수의 크기를 비교하려면 두 수를 소수 또는 분수로 통일시켜야 합니다.

① 분수를 소수로 고치기

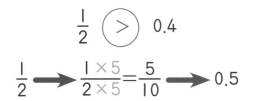

$$\frac{1}{2} \;\;\bigcirc\!\!>\;\; 0.4$$

$$\frac{1}{2} \longrightarrow \frac{1 \times 5}{2 \times 5} = \frac{5}{10} \longrightarrow 0.5$$

분모를 10, 100, 1000으로
고치기 쉬울 때는 이 방법!

❓ 분수를 소수로 고쳐 두 수의 크기를 비교하여 ◯ 안에 >, =, <를 써넣으세요.

01 $\dfrac{4}{5}$ ◯ 0.7

02 $\dfrac{3}{4}$ ◯ 0.64

03 $\dfrac{17}{20}$ ◯ 0.8

04 $\dfrac{7}{25}$ ◯ 0.3

② 소수를 분수로 고치기

$$\frac{1}{3} \;\;\bigcirc\!\!<\;\; 0.4$$

$$\frac{1}{3},\ \frac{4}{10} \longrightarrow \frac{1 \times 10}{3 \times 10},\ \frac{4 \times 3}{10 \times 3} \longrightarrow \frac{10}{30},\ \frac{12}{30}$$

분모를 10, 100, 1000으로
고치기 어려울 때는 이 방법!

❓ 소수를 분수로 고쳐 두 수의 크기를 비교하여 ◯ 안에 >, =, <를 써넣으세요.

05 $\dfrac{5}{9}$ ◯ 0.7

06 $\dfrac{4}{15}$ ◯ 0.24

07 $\dfrac{1}{12}$ ◯ 0.15

08 $\dfrac{4}{7}$ ◯ 0.6

🔍 두 수의 크기를 비교하여 ○ 안에 >, =, <를 써넣으세요.

01 $\frac{3}{4}$ ○ 0.6

02 $\frac{2}{7}$ ○ 0.21

03 $\frac{9}{20}$ ○ 0.5

04 $\frac{4}{9}$ ○ 0.4

05 $\frac{1}{5}$ ○ 0.18

06 $\frac{2}{13}$ ○ 0.15

07 $\frac{21}{25}$ ○ 0.8

08 $\frac{1}{12}$ ○ 0.1

09 $\frac{17}{50}$ ○ 0.4

10 $\frac{5}{14}$ ○ 0.3

11 $\frac{1}{2}$ ○ 0.6

12 $\frac{7}{15}$ ○ 0.5

13 $\frac{1}{4}$ ○ 0.4

14 $\frac{5}{6}$ ○ 0.8

21 A 둘씩 짝지어 차근차근 비교해 봐요

세 분수의 크기를 비교하려면 두 분수씩 통분하여 차례로 비교합니다.

$$\frac{1}{2} \; \boxed{<} \; \frac{3}{4} \; \boxed{<} \; \frac{7}{8}$$

$$\left(\frac{1}{2}, \frac{3}{4}\right) = \left(\frac{2}{4}, \frac{3}{4}\right) \longrightarrow \frac{1}{2} < \frac{3}{4}$$

$$\left(\frac{1}{2}, \frac{7}{8}\right) = \left(\frac{4}{8}, \frac{7}{8}\right) \longrightarrow \frac{1}{2} < \frac{7}{8}$$

$$\left(\frac{3}{4}, \frac{7}{8}\right) = \left(\frac{6}{8}, \frac{7}{8}\right) \longrightarrow \frac{3}{4} < \frac{7}{8}$$

🔑 세 분수의 크기를 비교하여 □ 안에 알맞은 수를 써넣으세요.

01 $\dfrac{2}{3}$ $\dfrac{3}{5}$ $\dfrac{7}{10}$

□ < □ < □

02 $\dfrac{5}{8}$ $\dfrac{7}{10}$ $\dfrac{3}{4}$

□ < □ < □

03 $\dfrac{2}{5}$ $\dfrac{3}{7}$ $\dfrac{12}{35}$

□ < □ < □

04 $\dfrac{8}{9}$ $\dfrac{11}{12}$ $\dfrac{5}{6}$

□ < □ < □

05 $\dfrac{1}{4}$ $\dfrac{3}{7}$ $\dfrac{9}{28}$

 □ < □ < □

06 $\dfrac{5}{9}$ $\dfrac{7}{15}$ $\dfrac{7}{10}$

 □ < □ < □

💡 세 분수의 크기를 비교하여 가장 큰 분수에 ◯표 하세요.

3
PART

01 $\dfrac{2}{3}$ $\dfrac{5}{8}$ $\dfrac{7}{9}$

02 $\dfrac{17}{20}$ $\dfrac{7}{8}$ $\dfrac{3}{4}$

03 $\dfrac{11}{20}$ $\dfrac{2}{3}$ $\dfrac{7}{10}$

04 $\dfrac{7}{12}$ $\dfrac{1}{2}$ $\dfrac{5}{14}$

05 $\dfrac{9}{14}$ $\dfrac{5}{7}$ $\dfrac{16}{21}$

06 $\dfrac{1}{2}$ $\dfrac{9}{22}$ $\dfrac{5}{11}$

07 $\dfrac{11}{14}$ $\dfrac{3}{4}$ $\dfrac{7}{12}$

08 $\dfrac{5}{8}$ $\dfrac{2}{3}$ $\dfrac{13}{16}$

09 $\dfrac{2}{5}$ $\dfrac{11}{30}$ $\dfrac{1}{3}$

10 $\dfrac{1}{6}$ $\dfrac{3}{14}$ $\dfrac{4}{21}$

11 $\dfrac{4}{15}$ $\dfrac{2}{5}$ $\dfrac{7}{20}$

12 $\dfrac{51}{56}$ $\dfrac{7}{8}$ $\dfrac{6}{7}$

두 수의 크기를 비교하여 ◯ 안에 >, =, <를 써넣으세요.

01 $1\frac{1}{2}$ ◯ 1.6

02 $\frac{5}{7}$ ◯ $\frac{2}{3}$

03 $7\frac{5}{6}$ ◯ $7\frac{2}{5}$

04 0.8 ◯ $\frac{4}{5}$

05 $3\frac{17}{20}$ ◯ 3.82

06 $7\frac{5}{14}$ ◯ $7\frac{3}{10}$

07 $\frac{1}{6}$ ◯ $\frac{7}{30}$

08 $3\frac{3}{4}$ ◯ 3.8

09 $\frac{13}{16}$ ◯ $\frac{19}{24}$

10 0.75 ◯ $\frac{18}{25}$

11 0.24 ◯ $\frac{1}{5}$

12 $7\frac{10}{21}$ ◯ $7\frac{5}{14}$

😮 네 수를 비교하여 작은 수부터 순서대로 쓰세요.

01
$\frac{3}{4}$ $\frac{3}{5}$ 0.3   0.8

_____

02
$\frac{3}{5}$ $\frac{13}{20}$ 0.7   0.5

_____

03
0.34   0.26 $\frac{1}{4}$ $\frac{3}{10}$

_____

04
2.4   2.9 $2\frac{7}{8}$ $2\frac{3}{4}$

_____

05
0.3   0.43 $\frac{7}{20}$ $\frac{3}{8}$

_____

06
$\frac{7}{10}$ $\frac{3}{5}$ 0.8   0.62

_____

07
$1\frac{3}{5}$ $1\frac{1}{2}$ 1.4   1.2

_____

08
4.1   4.3 $4\frac{7}{20}$ $4\frac{8}{25}$

_____

22 Ⓐ 통분하는 방법에 따라 장단점이 있어요

분모가 다른 분수의 덧셈은 분모를 통분한 다음 분자끼리 더하여 구합니다.

① 두 분모의 곱을 공통분모로 하여 통분하기

$$\frac{3}{4}+\frac{5}{6}=\frac{3\times6}{4\times6}+\frac{5\times4}{6\times4}=\frac{18}{24}+\frac{20}{24}=\frac{38}{24}=1\frac{14}{24}=1\frac{7}{12}$$

장점 : 공통분모를 찾기 쉽다.
단점 : 수가 커져 계산이 복잡하다.

🔑 □ 안에 알맞은 수를 써넣으세요.

01 $\dfrac{5}{9}+\dfrac{5}{6}=\dfrac{5\times\boxed{}}{9\times\boxed{}}+\dfrac{5\times\boxed{}}{6\times\boxed{}}=\dfrac{\boxed{}}{\boxed{}}+\dfrac{\boxed{}}{\boxed{}}=\dfrac{\boxed{}}{\boxed{}}=1\dfrac{21}{\boxed{}}=1\dfrac{7}{\boxed{}}$

02 $\dfrac{3}{4}+\dfrac{5}{12}=\dfrac{3\times\boxed{}}{4\times\boxed{}}+\dfrac{5\times\boxed{}}{12\times\boxed{}}=\dfrac{\boxed{}}{\boxed{}}+\dfrac{\boxed{}}{\boxed{}}=\dfrac{\boxed{}}{\boxed{}}=1\dfrac{8}{\boxed{}}=1\dfrac{1}{\boxed{}}$

② 두 분모의 최소공배수를 공통분모로 하여 통분하기

$$\frac{3}{4}+\frac{5}{6}=\frac{3\times3}{4\times3}+\frac{5\times2}{6\times2}=\frac{9}{12}+\frac{10}{12}=\frac{19}{12}=1\frac{7}{12}$$

장점 : 수가 작아 계산이 간단하다.
단점 : 최소공배수를 찾는 과정이 필요하다.

🔑 □ 안에 알맞은 수를 써넣으세요.

03 $\dfrac{7}{12}+\dfrac{3}{8}=\dfrac{7\times\boxed{}}{12\times\boxed{}}+\dfrac{3\times\boxed{}}{8\times\boxed{}}=\dfrac{\boxed{}}{\boxed{}}+\dfrac{\boxed{}}{\boxed{}}=\dfrac{\boxed{}}{\boxed{}}$

04 $\dfrac{3}{10}+\dfrac{4}{15}=\dfrac{3\times\boxed{}}{10\times\boxed{}}+\dfrac{4\times\boxed{}}{15\times\boxed{}}=\dfrac{\boxed{}}{\boxed{}}+\dfrac{\boxed{}}{\boxed{}}=\dfrac{\boxed{}}{\boxed{}}$

🎵 계산하여 기약분수로 나타내세요.

01 $\dfrac{3}{4}+\dfrac{1}{2}=$

02 $\dfrac{7}{10}+\dfrac{1}{8}=$

03 $\dfrac{2}{5}+\dfrac{5}{12}=$

04 $\dfrac{1}{4}+\dfrac{3}{10}=$

05 $\dfrac{5}{14}+\dfrac{11}{21}=$

06 $\dfrac{17}{20}+\dfrac{4}{5}=$

07 $\dfrac{8}{9}+\dfrac{5}{6}=$

08 $\dfrac{4}{15}+\dfrac{7}{20}=$

09 $\dfrac{1}{24}+\dfrac{3}{16}=$

10 $\dfrac{5}{9}+\dfrac{5}{12}=$

11 $\dfrac{1}{6}+\dfrac{8}{9}=$

12 $\dfrac{7}{16}+\dfrac{7}{24}=$

13 $\dfrac{9}{22}+\dfrac{4}{11}=$

14 $\dfrac{13}{16}+\dfrac{3}{8}=$

22 Ⓑ 뺄셈도 마찬가지, 두 가지 방법을 모두 익혀요

분모가 다른 분수의 뺄셈은 분모를 통분한 다음 분자끼리 빼어 구합니다.

① 두 분모의 곱을 공통분모로 하여 통분하기

$$\frac{5}{8}-\frac{1}{2}=\frac{5\times2}{8\times2}-\frac{1\times8}{2\times8}=\frac{10}{16}-\frac{8}{16}=\frac{\cancel{2}^{\,1}}{\cancel{16}_{\,8}}=\frac{1}{8}$$

□ 안에 알맞은 수를 써넣으세요.

01 $\dfrac{3}{4}-\dfrac{1}{6}=\dfrac{3\times\boxed{}}{4\times\boxed{}}-\dfrac{1\times\boxed{}}{6\times\boxed{}}=\dfrac{\boxed{}}{\boxed{}}-\dfrac{\boxed{}}{\boxed{}}=\dfrac{\boxed{}}{\boxed{}}=\dfrac{7}{\boxed{}}$

02 $\dfrac{5}{6}-\dfrac{3}{8}=\dfrac{5\times\boxed{}}{6\times\boxed{}}-\dfrac{3\times\boxed{}}{8\times\boxed{}}=\dfrac{\boxed{}}{\boxed{}}-\dfrac{\boxed{}}{\boxed{}}=\dfrac{\boxed{}}{\boxed{}}=\dfrac{11}{\boxed{}}$

② 두 분모의 최소공배수를 공통분모로 하여 통분하기

$$\frac{5}{8}-\frac{1}{2}=\frac{5\times1}{8\times1}-\frac{1\times4}{2\times4}=\frac{5}{8}-\frac{4}{8}=\frac{1}{8}$$

□ 안에 알맞은 수를 써넣으세요.

03 $\dfrac{11}{12}-\dfrac{5}{9}=\dfrac{11\times\boxed{}}{12\times\boxed{}}-\dfrac{5\times\boxed{}}{9\times\boxed{}}=\dfrac{\boxed{}}{\boxed{}}-\dfrac{\boxed{}}{\boxed{}}=\dfrac{13}{\boxed{}}$

04 $\dfrac{4}{5}-\dfrac{4}{15}=\dfrac{4\times\boxed{}}{5\times\boxed{}}-\dfrac{4\times\boxed{}}{15\times\boxed{}}=\dfrac{\boxed{}}{\boxed{}}-\dfrac{\boxed{}}{\boxed{}}=\dfrac{8}{\boxed{}}$

🗣️ 계산하여 기약분수로 나타내세요.

01 $\dfrac{7}{12}-\dfrac{1}{3}=$

02 $\dfrac{7}{15}-\dfrac{5}{18}=$

03 $\dfrac{2}{3}-\dfrac{4}{15}=$

04 $\dfrac{7}{8}-\dfrac{5}{12}=$

05 $\dfrac{17}{21}-\dfrac{7}{12}=$

06 $\dfrac{4}{5}-\dfrac{2}{3}=$

07 $\dfrac{11}{16}-\dfrac{9}{20}=$

08 $\dfrac{7}{10}-\dfrac{3}{5}=$

09 $\dfrac{4}{7}-\dfrac{4}{11}=$

10 $\dfrac{11}{14}-\dfrac{2}{3}=$

11 $\dfrac{7}{8}-\dfrac{3}{20}=$

12 $\dfrac{17}{24}-\dfrac{1}{4}=$

13 $\dfrac{3}{8}-\dfrac{5}{16}=$

14 $\dfrac{5}{9}-\dfrac{7}{15}=$

계산하여 기약분수로 나타내세요.

01 $\dfrac{5}{12}+\dfrac{4}{7}=$

02 $\dfrac{17}{20}-\dfrac{5}{8}=$

03 $\dfrac{3}{8}+\dfrac{3}{16}=$

04 $\dfrac{7}{9}-\dfrac{2}{3}=$

05 $\dfrac{1}{4}+\dfrac{5}{6}=$

06 $\dfrac{3}{10}-\dfrac{1}{12}=$

07 $\dfrac{8}{9}+\dfrac{11}{15}=$

08 $\dfrac{7}{16}-\dfrac{5}{12}=$

09 $\dfrac{9}{20}+\dfrac{4}{15}=$

10 $\dfrac{3}{5}-\dfrac{2}{15}=$

11 $\dfrac{3}{8}+\dfrac{7}{12}=$

12 $\dfrac{21}{25}-\dfrac{8}{15}=$

13 $\dfrac{5}{6}+\dfrac{3}{10}=$

14 $\dfrac{15}{16}-\dfrac{3}{4}=$

🤔 계산하여 기약분수로 나타내세요.

01 $\dfrac{3}{8}+\dfrac{3}{4}=$

02 $\dfrac{2}{5}-\dfrac{1}{10}=$

03 $\dfrac{5}{12}+\dfrac{1}{4}=$

04 $\dfrac{14}{27}-\dfrac{5}{18}=$

05 $\dfrac{5}{24}+\dfrac{3}{16}=$

06 $\dfrac{9}{14}-\dfrac{5}{21}=$

07 $\dfrac{2}{9}+\dfrac{5}{12}=$

08 $\dfrac{7}{12}-\dfrac{1}{6}=$

09 $\dfrac{3}{8}+\dfrac{15}{16}=$

10 $\dfrac{4}{5}-\dfrac{3}{14}=$

11 $\dfrac{1}{9}+\dfrac{5}{6}=$

12 $\dfrac{11}{20}-\dfrac{3}{8}=$

13 $\dfrac{17}{30}+\dfrac{7}{10}=$

14 $\dfrac{7}{8}-\dfrac{5}{24}=$

23 B 진분수의 덧셈과 뺄셈을 완벽히 연습하면 대분수는 쉬워요

🐵 저울 위에 두 구슬을 올려놓았습니다. ☐ 안에 알맞은 수를 기약분수로 써넣으세요.

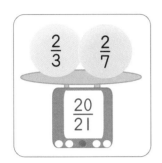

$\dfrac{2}{3}$ $\dfrac{2}{7}$ → $\dfrac{20}{21}$

01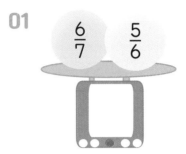

$\dfrac{6}{7}$ $\dfrac{5}{6}$

02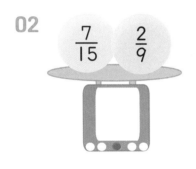

$\dfrac{7}{15}$ $\dfrac{2}{9}$

03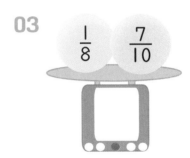

$\dfrac{1}{8}$ $\dfrac{7}{10}$

04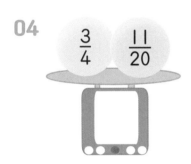

$\dfrac{3}{4}$ $\dfrac{11}{20}$

05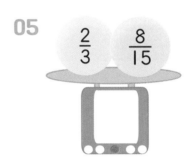

$\dfrac{2}{3}$ $\dfrac{8}{15}$

06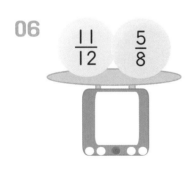

$\dfrac{11}{12}$ $\dfrac{5}{8}$

07

$\dfrac{3}{10}$ $\dfrac{3}{14}$

08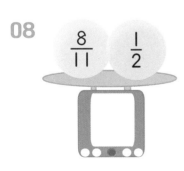

$\dfrac{8}{11}$ $\dfrac{1}{2}$

09

$\dfrac{5}{6}$ $\dfrac{7}{8}$

🐷 저울 위에 두 구슬을 올려놓았습니다. ☐ 안에 알맞은 수를 기약분수로 써넣으세요.

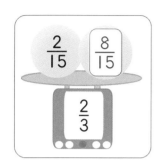

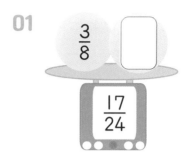

01

02
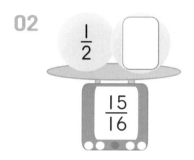

03
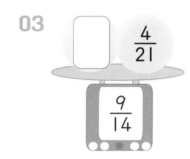

04
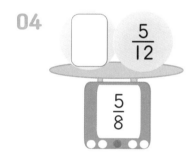

05
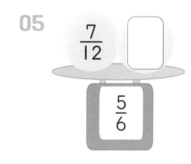

06
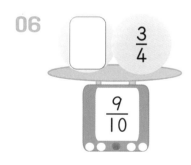

07
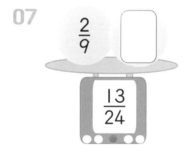

08
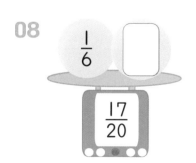

09
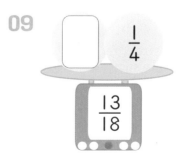

대분수의 덧셈은 두 가지 방법이 있습니다.

① 자연수끼리, 분수끼리 더하기

분수끼리 더해 1이 넘을 때는 자연수 부분으로 받아올림 합니다.

$$1\frac{4}{5}+2\frac{1}{2}=(1+2)+\left(\frac{8}{10}+\frac{5}{10}\right)=3+\frac{13}{10}=3+1\frac{3}{10}=4\frac{3}{10}$$

🖊 □ 안에 알맞은 수를 써넣으세요.

01 $1\dfrac{3}{8}+1\dfrac{5}{6}=\left(\boxed{}+\boxed{}\right)+\left(\dfrac{9}{\boxed{}}+\dfrac{\boxed{}}{\boxed{}}\right)=2+\dfrac{\boxed{}}{\boxed{}}=\boxed{}\dfrac{\boxed{}}{\boxed{}}$

02 $5\dfrac{2}{9}+3\dfrac{1}{12}=\left(\boxed{}+\boxed{}\right)+\left(\dfrac{8}{\boxed{}}+\dfrac{\boxed{}}{\boxed{}}\right)=\boxed{}+\dfrac{\boxed{}}{\boxed{}}=\boxed{}\dfrac{\boxed{}}{\boxed{}}$

② 가분수로 고쳐서 더하기

주의해!
수가 커져서 계산 실수하기 쉬워!

$$1\frac{4}{5}+2\frac{1}{2}=\frac{9}{5}+\frac{5}{2}=\frac{18}{10}+\frac{25}{10}=\frac{43}{10}=4\frac{3}{10}$$

🖊 □ 안에 알맞은 수를 써넣으세요.

03 $2\dfrac{1}{12}+1\dfrac{7}{9}=\dfrac{\boxed{}}{12}+\dfrac{\boxed{}}{9}=\dfrac{\boxed{}}{36}+\dfrac{\boxed{}}{\boxed{}}=\dfrac{\boxed{}}{\boxed{}}=\boxed{}\dfrac{\boxed{}}{\boxed{}}$

04 $1\dfrac{2}{5}+4\dfrac{1}{3}=\dfrac{\boxed{}}{5}+\dfrac{\boxed{}}{3}=\dfrac{\boxed{}}{15}+\dfrac{\boxed{}}{\boxed{}}=\dfrac{\boxed{}}{\boxed{}}=\boxed{}\dfrac{\boxed{}}{\boxed{}}$

🔔 계산하여 기약분수로 나타내세요.

I번 방법으로 계산하면 더 간편해!

01 $1\frac{5}{12}+1\frac{3}{10}=$

02 $4\frac{2}{3}+3\frac{1}{2}=$

03 $2\frac{5}{14}+2\frac{5}{16}=$

04 $2\frac{7}{10}+2\frac{3}{7}=$

05 $1\frac{5}{8}+3\frac{9}{16}=$

06 $2\frac{7}{20}+1\frac{3}{8}=$

07 $2\frac{7}{15}+5\frac{9}{20}=$

08 $5\frac{1}{2}+3\frac{3}{5}=$

09 $6\frac{3}{7}+1\frac{1}{2}=$

10 $1\frac{5}{12}+4\frac{1}{6}=$

11 $2\frac{4}{15}+2\frac{7}{10}=$

12 $1\frac{7}{8}+2\frac{1}{12}=$

13 $2\frac{1}{6}+4\frac{13}{36}=$

14 $2\frac{7}{12}+1\frac{3}{20}=$

24 B 대분수의 뺄셈에는 받아내림이 필요할 수 있어요

대분수의 뺄셈은 두 가지 방법이 있습니다.

빨간 박스에 주목해!

분자한테 12를 주면 완성!

자연수에서 1을 빼서 $3\dfrac{3}{12}$ ➡ $2\dfrac{15}{12}$

① 자연수끼리, 분수끼리 빼기

빼는 수의 분자가 더 클 때는 자연수에서 분자로 1을 받아내림 합니다.

$$3\dfrac{1}{4} - 1\dfrac{5}{6} = 3\boxed{\dfrac{3}{12}} - 1\dfrac{10}{12} = 2\boxed{\dfrac{15}{12}} - 1\dfrac{10}{12} = (2-1) + \left(\dfrac{15}{12} - \dfrac{10}{12}\right) = 1\dfrac{5}{12}$$

□ 안에 알맞은 수를 써넣으세요.

01 $4\dfrac{2}{9} - 1\dfrac{2}{5} = 4\dfrac{\boxed{}}{45} - 1\dfrac{\boxed{}}{45} = 3\dfrac{\boxed{}}{45} - 1\dfrac{\boxed{}}{45} = (3-1) + \left(\dfrac{\boxed{}}{45} - \dfrac{\boxed{}}{45}\right) = 2\dfrac{\boxed{}}{45}$

02 $3\dfrac{3}{4} - 2\dfrac{5}{6} = 3\dfrac{\boxed{}}{12} - 2\dfrac{\boxed{}}{12} = 2\dfrac{\boxed{}}{12} - 2\dfrac{\boxed{}}{12} = (2-2) + \left(\dfrac{\boxed{}}{12} - \dfrac{\boxed{}}{12}\right) = \dfrac{\boxed{}}{12}$

② 가분수로 고쳐서 빼기

$$3\dfrac{1}{4} - 1\dfrac{5}{6} = \dfrac{13}{4} - \dfrac{11}{6} = \dfrac{39}{12} - \dfrac{22}{12} = \dfrac{17}{12} = 1\dfrac{5}{12}$$

□ 안에 알맞은 수를 써넣으세요.

03 $3\dfrac{3}{8} - 1\dfrac{1}{5} = \dfrac{\boxed{}}{8} - \dfrac{\boxed{}}{5} = \dfrac{\boxed{}}{40} - \dfrac{\boxed{}}{40} = \dfrac{\boxed{}}{40} = 2\dfrac{\boxed{}}{40}$

04 $4\dfrac{7}{10} - 2\dfrac{2}{15} = \dfrac{\boxed{}}{10} - \dfrac{\boxed{}}{15} = \dfrac{\boxed{}}{30} - \dfrac{\boxed{}}{30} = \dfrac{\boxed{}}{30} = 2\dfrac{\boxed{}}{30}$

🗣️ 계산하여 기약분수로 나타내세요.

01 $1\dfrac{5}{7}-1\dfrac{2}{9}=$

02 $3\dfrac{5}{12}-1\dfrac{7}{16}=$

03 $5\dfrac{5}{8}-3\dfrac{7}{12}=$

04 $5\dfrac{5}{11}-2\dfrac{1}{6}=$

05 $4\dfrac{3}{8}-2\dfrac{7}{10}=$

06 $2\dfrac{5}{8}-1\dfrac{17}{20}=$

07 $8\dfrac{1}{24}-3\dfrac{5}{6}=$

08 $4\dfrac{9}{14}-1\dfrac{1}{2}=$

09 $5\dfrac{3}{20}-1\dfrac{1}{4}=$

10 $6\dfrac{7}{10}-2\dfrac{3}{4}=$

11 $3\dfrac{4}{21}-1\dfrac{9}{14}=$

12 $9\dfrac{5}{8}-7\dfrac{3}{14}=$

13 $4\dfrac{3}{8}-2\dfrac{6}{7}=$

14 $5\dfrac{7}{12}-2\dfrac{3}{4}=$

25 A 대분수를 (자연수)+(가분수)로 쓰면 안 돼요

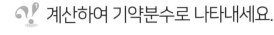

계산하여 기약분수로 나타내세요.

대분수의 덧셈, 뺄셈에선
받아올림과 받아내림을 주의해!

01 $1\frac{1}{3}+1\frac{3}{4}=$

02 $2\frac{1}{6}-1\frac{3}{5}=$

03 $3\frac{2}{9}+2\frac{1}{6}=$

04 $5\frac{1}{8}-2\frac{5}{32}=$

05 $4\frac{3}{10}+2\frac{7}{8}=$

06 $4\frac{1}{2}-1\frac{5}{13}=$

07 $3\frac{4}{9}+3\frac{1}{6}=$

08 $7\frac{4}{9}-4\frac{11}{12}=$

09 $2\frac{1}{3}+1\frac{7}{15}=$

10 $6\frac{5}{12}-2\frac{7}{20}=$

11 $1\frac{11}{12}+6\frac{4}{15}=$

12 $4\frac{7}{12}-4\frac{2}{7}=$

13 $2\frac{5}{16}+6\frac{7}{24}=$

14 $3\frac{3}{8}-1\frac{7}{18}=$

🔎 계산하여 기약분수로 나타내세요.

01 $1\dfrac{7}{8}+3\dfrac{3}{10}=$

02 $8\dfrac{7}{30}-3\dfrac{11}{20}=$

03 $2\dfrac{9}{14}+1\dfrac{3}{7}=$

04 $6\dfrac{7}{18}-2\dfrac{17}{24}=$

05 $6\dfrac{1}{24}+3\dfrac{5}{36}=$

06 $7\dfrac{3}{16}-6\dfrac{5}{12}=$

07 $2\dfrac{5}{18}+4\dfrac{5}{9}=$

08 $9\dfrac{2}{5}-4\dfrac{13}{14}=$

09 $4\dfrac{4}{7}+7\dfrac{1}{10}=$

10 $3\dfrac{5}{14}-2\dfrac{5}{7}=$

11 $3\dfrac{1}{5}+4\dfrac{7}{25}=$

12 $4\dfrac{11}{18}-1\dfrac{17}{27}=$

13 $2\dfrac{13}{18}+1\dfrac{5}{6}=$

14 $8\dfrac{7}{12}-5\dfrac{7}{16}=$

🎵 수 막대를 보고 ☐ 안에 알맞은 수를 기약분수로 써넣으세요.

$2\frac{35}{72}$

$1\frac{1}{9}$　　$1\frac{3}{8}$

01

☐

$3\frac{1}{2}$　　$1\frac{4}{5}$

02

☐

$4\frac{2}{3}$　　$2\frac{5}{6}$

03

☐

$1\frac{7}{16}$　　$3\frac{1}{2}$

04

☐

$2\frac{7}{12}$　　$5\frac{1}{6}$

05

☐

$2\frac{3}{14}$　　$4\frac{5}{16}$

06

☐

$4\frac{3}{7}$　　$2\frac{2}{5}$

07

☐

$4\frac{1}{9}$　　$4\frac{8}{15}$

08

☐

$3\frac{9}{10}$　　$2\frac{1}{4}$

09

☐

$2\frac{3}{10}$　　$3\frac{3}{4}$

10

☐

$1\frac{7}{12}$　　$1\frac{19}{24}$

11

☐

$5\frac{7}{18}$　　$1\frac{1}{5}$

🔍 수 막대를 보고 □ 안에 알맞은 수를 기약분수로 써넣으세요.

01
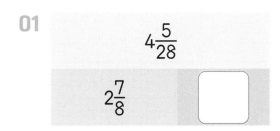

02
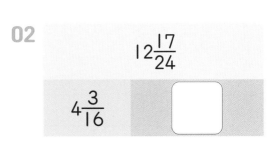

03
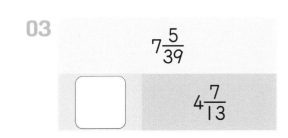

04
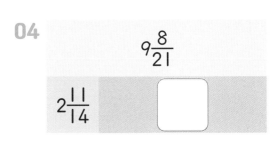

05
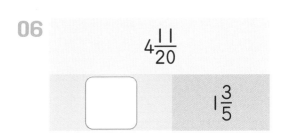

06
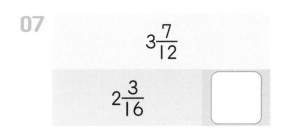

07
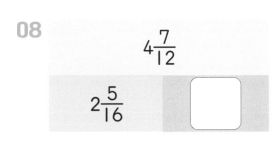

08
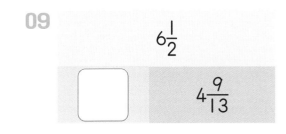

09
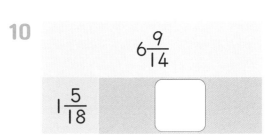

10

11

26 Ⓐ 최소공배수로 통분하면 수가 간단해져요

🎵 계산하여 기약분수로 나타내세요.

01 $1\dfrac{4}{15}+6\dfrac{1}{4}=$

02 $\dfrac{6}{7}-\dfrac{2}{3}=$

03 $\dfrac{5}{18}+\dfrac{13}{24}=$

04 $3\dfrac{3}{8}-1\dfrac{2}{5}=$

05 $\dfrac{9}{20}+\dfrac{7}{12}=$

06 $4\dfrac{13}{16}-2\dfrac{7}{8}=$

07 $4\dfrac{3}{10}+6\dfrac{7}{25}=$

08 $\dfrac{11}{12}-\dfrac{7}{18}=$

09 $\dfrac{1}{12}+\dfrac{3}{14}=$

10 $3\dfrac{2}{7}-1\dfrac{6}{11}=$

11 $9\dfrac{2}{15}+1\dfrac{3}{40}=$

12 $\dfrac{4}{15}-\dfrac{1}{7}=$

13 $1\dfrac{2}{5}+3\dfrac{4}{15}=$

14 $\dfrac{3}{4}-\dfrac{2}{9}=$

🎈 계산하여 기약분수로 나타내세요.

01 $4\dfrac{3}{14}+3\dfrac{5}{6}=$

02 $\dfrac{7}{9}-\dfrac{2}{3}=$

03 $\dfrac{1}{12}+\dfrac{7}{16}=$

04 $6\dfrac{1}{5}-3\dfrac{5}{12}=$

05 $\dfrac{3}{25}+\dfrac{4}{15}=$

06 $5\dfrac{1}{9}-2\dfrac{7}{12}=$

07 $7\dfrac{2}{21}+1\dfrac{6}{7}=$

08 $\dfrac{3}{28}-\dfrac{1}{16}=$

09 $\dfrac{8}{9}+\dfrac{3}{14}=$

10 $3\dfrac{7}{22}-1\dfrac{5}{6}=$

11 $3\dfrac{1}{20}+5\dfrac{3}{8}=$

12 $\dfrac{7}{15}-\dfrac{1}{4}=$

13 $\dfrac{13}{24}+\dfrac{13}{16}=$

14 $9\dfrac{1}{2}-4\dfrac{5}{7}=$

수직선을 보고 □ 안에 알맞은 수를 기약분수로 써넣으세요.

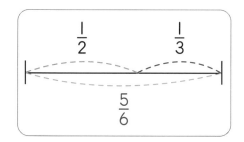

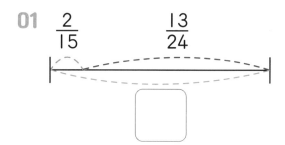

01

02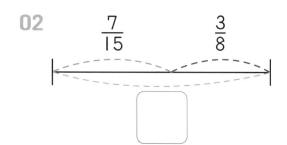

03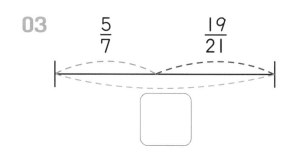

04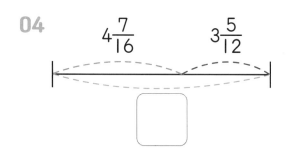

05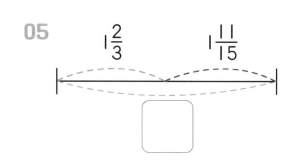

06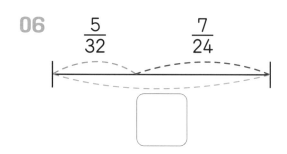

07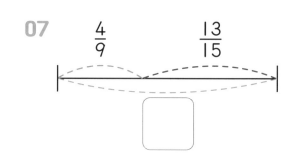

08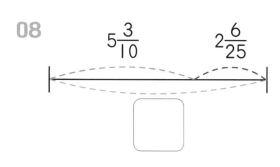

09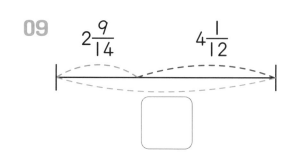

🐌 수직선을 보고 ☐ 안에 알맞은 수를 기약분수로 써넣으세요.

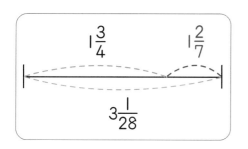

$1\frac{3}{4}$ $1\frac{2}{7}$

$3\frac{1}{28}$

01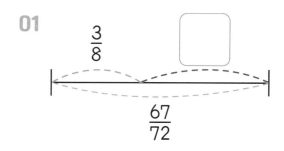

$\frac{3}{8}$

$\frac{67}{72}$

02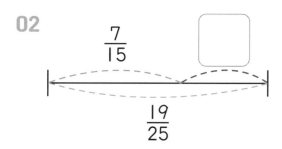

$\frac{7}{15}$

$\frac{19}{25}$

03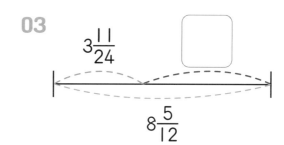

$3\frac{11}{24}$

$8\frac{5}{12}$

04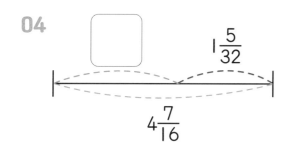

$1\frac{5}{32}$

$4\frac{7}{16}$

05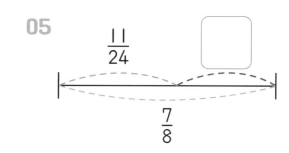

$\frac{11}{24}$

$\frac{7}{8}$

06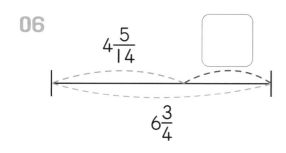

$4\frac{5}{14}$

$6\frac{3}{4}$

07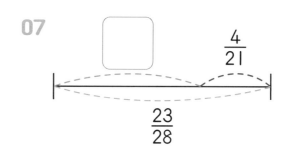

$\frac{4}{21}$

$\frac{23}{28}$

08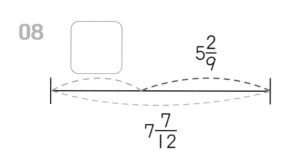

$5\frac{2}{9}$

$7\frac{7}{12}$

09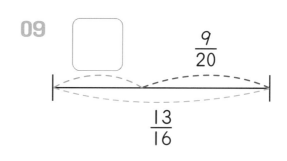

$\frac{9}{20}$

$\frac{13}{16}$

🐿 계산하여 기약분수로 나타내세요.

01 $4\dfrac{8}{21}+2\dfrac{1}{24}=$

02 $\dfrac{4}{5}-\dfrac{3}{14}=$

03 $3\dfrac{7}{12}+5\dfrac{5}{8}=$

04 $6\dfrac{13}{20}-2\dfrac{11}{12}=$

05 $6\dfrac{4}{7}-3\dfrac{1}{5}=$

06 $\dfrac{2}{9}+\dfrac{4}{7}=$

07 $3\dfrac{13}{24}-2\dfrac{17}{18}=$

08 $1\dfrac{3}{10}+3\dfrac{3}{4}=$

09 $4\dfrac{1}{2}+2\dfrac{3}{7}=$

10 $6\dfrac{11}{24}+2\dfrac{1}{5}=$

11 $\dfrac{9}{14}+\dfrac{1}{16}=$

12 $9\dfrac{2}{15}-5\dfrac{19}{21}=$

13 $3\dfrac{1}{5}-1\dfrac{3}{8}=$

14 $\dfrac{15}{26}-\dfrac{1}{8}=$

🐥 계산하여 기약분수로 나타내세요.

01 $\dfrac{29}{48} - \dfrac{5}{16} =$

02 $8\dfrac{8}{21} - 4\dfrac{3}{14} =$

03 $2\dfrac{3}{4} - 1\dfrac{5}{6} =$

04 $3\dfrac{7}{9} + 2\dfrac{1}{12} =$

05 $4\dfrac{1}{3} + 1\dfrac{7}{18} =$

06 $\dfrac{3}{11} + \dfrac{3}{4} =$

07 $8\dfrac{2}{9} + 4\dfrac{4}{21} =$

08 $2\dfrac{7}{12} + 4\dfrac{3}{10} =$

09 $\dfrac{7}{10} + \dfrac{5}{6} =$

10 $1\dfrac{2}{3} - 1\dfrac{3}{16} =$

11 $4\dfrac{13}{18} + 5\dfrac{17}{24} =$

12 $\dfrac{11}{12} - \dfrac{7}{10} =$

13 $4\dfrac{5}{16} - 2\dfrac{3}{4} =$

14 $8\dfrac{3}{5} - 1\dfrac{1}{6} =$

01 진분수가 기약분수일 때, □ 안에 들어갈 수 있는 수를 모두 쓰세요.

$$\frac{\square}{6}$$

_____

$$\frac{\square}{9}$$

_____

02 □ 안에 알맞은 수를 써넣어 크기가 같은 분수를 만드세요.

$$\frac{24}{32}=\frac{12}{\square}=\frac{\square}{8}=\frac{3}{\square}$$

$$\frac{4}{5}=\frac{8}{\square}=\frac{12}{\square}=\frac{\square}{20}$$

03 두 분수를 두 가지의 공통분모로 통분하세요.

$$\frac{7}{12} \quad \frac{13}{18}$$

분모의 곱 : (,)

최소공배수 : (,)

$$\frac{7}{15} \quad \frac{9}{20}$$

분모의 곱 : (,)

최소공배수 : (,)

$$\frac{2}{9} \quad \frac{5}{8}$$

분모의 곱 : (,)

최소공배수 : (,)

04 네 수의 크기를 비교하여 작은 수부터 순서대로 쓰세요.

$$\frac{1}{2} \quad \frac{4}{5} \quad 0.4 \quad \frac{3}{4}$$

$$\frac{3}{5} \quad 0.9 \quad \frac{24}{25} \quad 0.8$$

_____

_____

05 계산하세요.

$$\frac{2}{11}+\frac{4}{7}=$$

$$\frac{1}{4}+\frac{7}{10}=$$

$$2\frac{4}{15}+1\frac{5}{6}=$$

$$1\frac{3}{10}+5\frac{7}{15}=$$

06 계산하세요.

$$\frac{7}{8}-\frac{3}{4}=$$

$$\frac{23}{24}-\frac{19}{20}=$$

$$2\frac{5}{12}-1\frac{3}{4}=$$

$$7\frac{1}{3}-3\frac{11}{15}=$$

07 계산 결과를 비교하여 ◯ 안에 >, =, <를 알맞게 써넣으세요.

$$2\frac{2}{7}+1\frac{5}{14} \bigcirc 1\frac{7}{8}+2\frac{5}{12}$$

$$\frac{4}{5}-\frac{7}{10} \bigcirc 1\frac{2}{3}-1\frac{1}{2}$$

08 정화는 오늘 수학 $1\frac{4}{9}$시간, 영어 $2\frac{1}{3}$시간을 공부하였고, 명현이는 수학 $2\frac{3}{5}$시간, 영어 $1\frac{1}{6}$시간을 공부하였습니다. 둘 중 누가 얼마나 더 많이 공부하였는지 쓰세요.

답 : _____, _____시간

통분하지 않고 세 분수의 크기를 비교하세요.

$$\frac{7}{9} \qquad \frac{8}{10} \qquad \frac{6}{8}$$

4 PART

다각형의 둘레와 넓이

❶ 차시별로 정답률을 확인하고, 성취도에 ○표 하세요.

😊 80% 이상 맞혔어요.　　😐 60% ~ 80% 맞혔어요.　　😣 60% 이하 맞혔어요.

차시	단원	성취도		
28	다각형의 둘레	😊	😐	😣
29	직사각형의 넓이와 넓이의 단위	😊	😐	😣
30	평행사변형과 삼각형의 넓이	😊	😐	😣
31	마름모와 사다리꼴의 넓이	😊	😐	😣
32	다각형의 넓이 연습	😊	😐	😣

28 Ⓐ 둘레는 도형의 테두리의 길이를 말해요

다각형의 둘레는 모든 변의 길이를 합하여 구합니다.
정다각형과 마름모는 모든 변의 길이가 같으므로, 그 둘레는 한 변의 길이에 변의 개수를 곱해 구할 수 있습니다.

정오각형의 둘레 : 2×5＝10 (cm)

마름모의 둘레 : 2×4＝8 (cm)

✏️ 정다각형과 마름모의 둘레를 구하세요.

01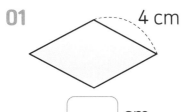

4 cm

☐ cm

02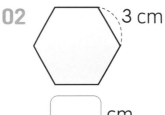

3 cm

☐ cm

03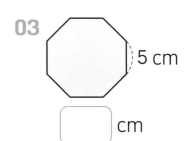

5 cm

☐ cm

직사각형과 평행사변형은 마주 보는 변의 길이가 같으므로, 그 둘레는 한 변의 길이와 다른 한 변의 길이의 합에 2배를 하여 구할 수 있습니다.

직사각형의 둘레 : (4＋2)×2＝12 (cm)

평행사변형의 둘레 : (1＋2)×2＝6 (cm)

✏️ 직사각형과 평행사변형의 둘레를 구하세요.

04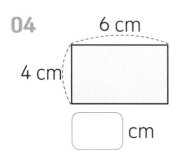

6 cm

4 cm

☐ cm

05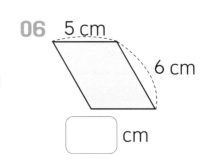

7 cm

5 cm

☐ cm

06

5 cm

6 cm

☐ cm

🐛 정다각형, 마름모, 직사각형, 평행사변형의 둘레를 구하세요.

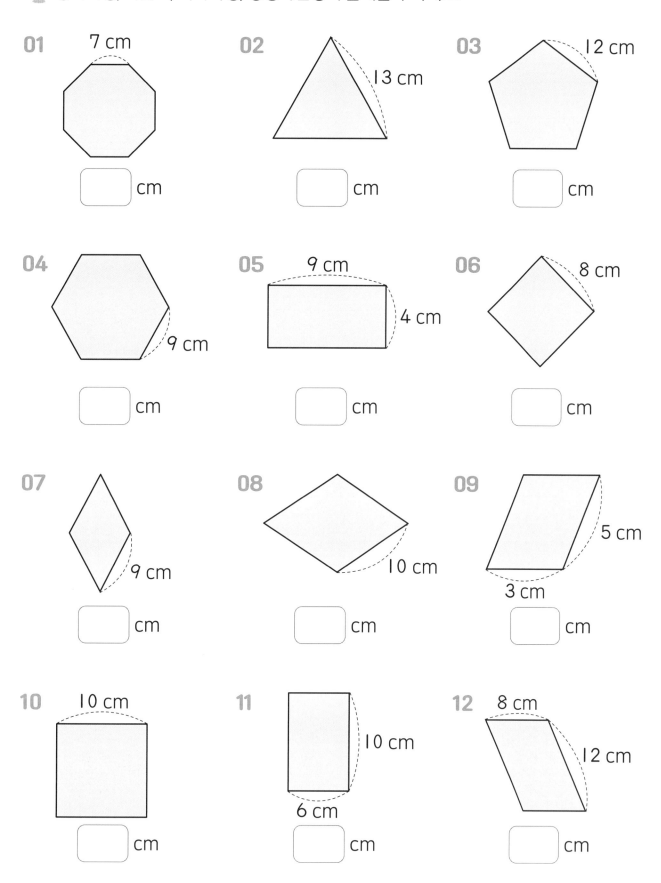

01 7 cm
⬜ cm

02 13 cm
⬜ cm

03 12 cm
⬜ cm

04 9 cm
⬜ cm

05 9 cm 4 cm
⬜ cm

06 8 cm
⬜ cm

07 9 cm
⬜ cm

08 10 cm
⬜ cm

09 5 cm 3 cm
⬜ cm

10 10 cm
⬜ cm

11 10 cm 6 cm
⬜ cm

12 8 cm 12 cm
⬜ cm

4
PART

정다각형, 마름모, 직사각형, 평행사변형의 둘레를 구하세요.

01 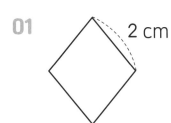 2 cm

[ ] cm

02 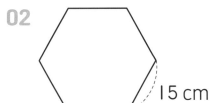 15 cm

[ ] cm

03 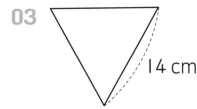 14 cm

[ ] cm

04 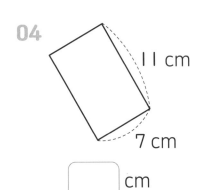 11 cm 7 cm

[ ] cm

05 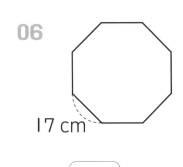 6 cm

[ ] cm

06 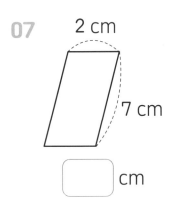 17 cm

[ ] cm

07 2 cm 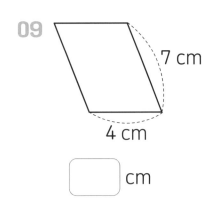 7 cm

[ ] cm

08 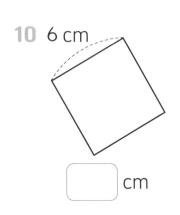 8 cm

[ ] cm

09 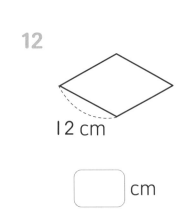 7 cm 4 cm

[ ] cm

10 6 cm

[ ] cm

11 11 cm

[ ] cm

12 12 cm

[ ] cm

🐛 정다각형, 마름모, 직사각형, 평행사변형의 둘레를 구하세요.

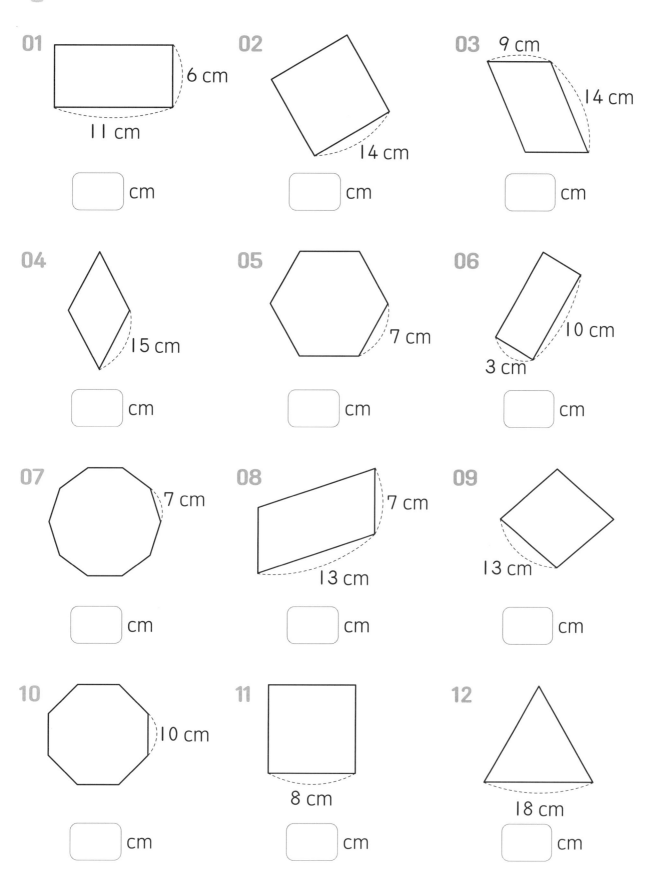

01

6 cm

11 cm

◻ cm

02

14 cm

◻ cm

03

9 cm

14 cm

◻ cm

04

15 cm

◻ cm

05

7 cm

◻ cm

06

10 cm

3 cm

◻ cm

07

7 cm

◻ cm

08

7 cm

13 cm

◻ cm

09

13 cm

◻ cm

10

10 cm

◻ cm

11

8 cm

◻ cm

12

18 cm

◻ cm

4 PART

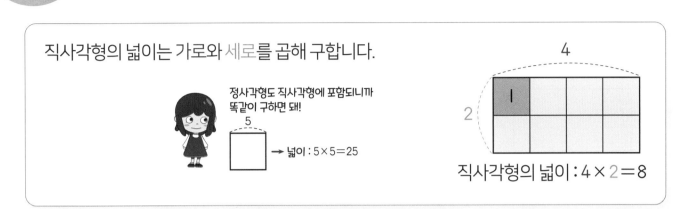

직사각형의 넓이는 가로와 세로를 곱해 구합니다.

정사각형도 직사각형에 포함되니까 똑같이 구하면 돼!

5

→ 넓이 : 5×5=25

4

|ㅣ| | | |

2

직사각형의 넓이 : 4×2=8

□ 안에 알맞은 수를 써넣어 직사각형과 정사각형의 넓이를 구하세요.

01 5 / 3

☐ × ☐ = ☐

02 3

☐ × ☐ = ☐

03 5

☐ × ☐ = ☐

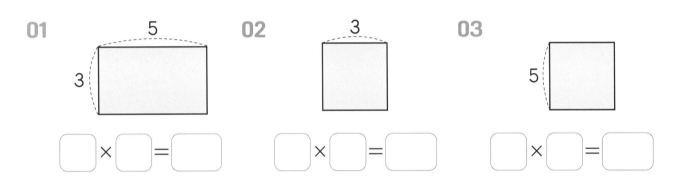

넓이의 단위에는 cm², m², km²가 있으며 cm²는 제곱센티미터, m²는 제곱미터, km²는 제곱킬로미터라고 읽습니다. 가로와 세로의 단위에 따라 넓이의 단위도 달라집니다.

2 cm
1 cm | 2 cm²

2 m
1 m | 2 m²

2 km
1 km | 2 km²

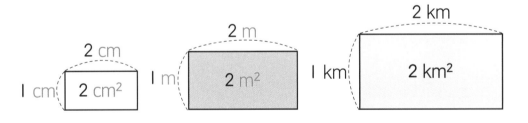

직사각형과 정사각형의 넓이를 구하세요.

단위를 배웠으니 단위 쓰는 연습을 해 보자!

04 4 cm / 1 cm

☐

05 4 m

☐

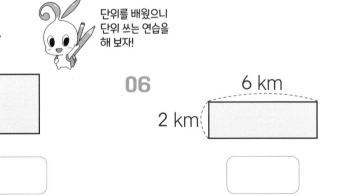

06 6 km / 2 km

☐

> 1 m는 100 cm니까 1 m²는 10000 cm²!
> 1 km는 1000 m니까 1 km²는 1000000 m²!

넓이의 단위끼리 서로 바꾸어 나타낼 수 있습니다.

$$2 \text{ m}^2 = 2 \text{ m} \times 1 \text{ m} = 200 \text{ cm} \times 100 \text{ cm} = 20000 \text{ cm}^2$$

$$\longrightarrow 2 \text{ m}^2 = 20000 \text{ cm}^2$$

$$2 \text{ km}^2 = 2 \text{ km} \times 1 \text{ km} = 2000 \text{ m} \times 1000 \text{ m} = 2000000 \text{ m}^2$$

$$\longrightarrow 2 \text{ km}^2 = 2000000 \text{ m}^2$$

🐛 ☐ 안에 알맞은 수를 써넣으세요.

01 $4 \text{ m}^2 = $ ☐ cm^2

02 $200000 \text{ cm}^2 = $ ☐ m^2

03 $13 \text{ m}^2 = $ ☐ cm^2

04 $5000000 \text{ m}^2 = $ ☐ km^2

05 $42 \text{ km}^2 = $ ☐ m^2

06 $7000000 \text{ cm}^2 = $ ☐ m^2

07 $540 \text{ m}^2 = $ ☐ cm^2

08 $12000000 \text{ m}^2 = $ ☐ km^2

09 $60 \text{ m}^2 = $ ☐ cm^2

10 $3210000 \text{ cm}^2 = $ ☐ m^2

11 $20 \text{ km}^2 = $ ☐ m^2

12 $6400000 \text{ cm}^2 = $ ☐ m^2

13 $7 \text{ km}^2 = $ ☐ m^2

14 $40000000 \text{ m}^2 = $ ☐ km^2

🐰 직사각형의 넓이를 구하세요.

잠깐! 단위를 빠트리지 마!

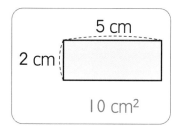
5 cm
2 cm
10 cm²

01

3 m
4 m

02

9 km
3 km

03
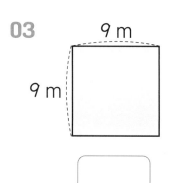
9 m
9 m

04
14 cm
12 cm

05
12 m
8 m

06
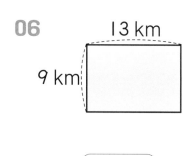
13 km
9 km

07
12 cm
12 cm

08
5 m
12 m

09
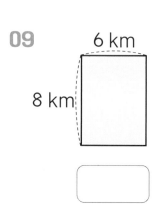
6 km
8 km

10
28 cm
15 cm

11
8 cm
8 cm

주어진 넓이의 단위에 맞춰서
가로, 세로 단위를 바꾸어 봐!

❓ 직사각형의 넓이를 구하세요.

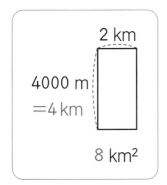

2 km
4000 m
=4 km
8 km²

01
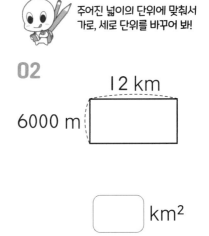
400 cm
4 m
⬜ m²

02
12 km
6000 m
⬜ km²

03
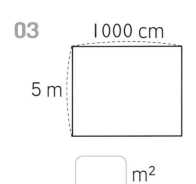
1000 cm
5 m
⬜ m²

04
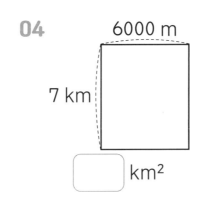
6000 m
7 km
⬜ km²

05
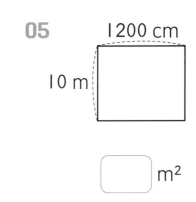
1200 cm
10 m
⬜ m²

06
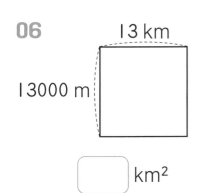
13 km
13000 m
⬜ km²

07
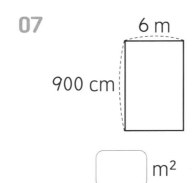
6 m
900 cm
⬜ m²

08
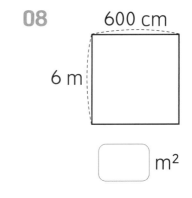
600 cm
6 m
⬜ m²

09
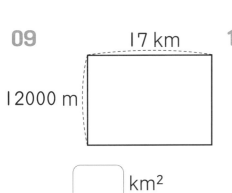
17 km
12000 m
⬜ km²

10
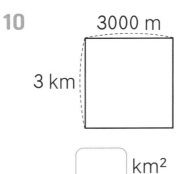
3000 m
3 km
⬜ km²

11
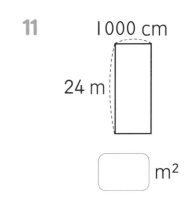
1000 cm
24 m
⬜ m²

(평행사변형의 넓이) = (밑변의 길이)×(높이)

평행사변형의 밑변은 평행한 두 변을 뜻하고, 높이는 두 밑변 사이의 거리를 뜻합니다.

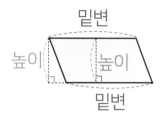

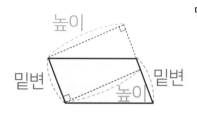

밑에 있다고 밑변이 아니야!

평행사변형의 넓이는 밑변의 길이와 높이를 곱해 구합니다.

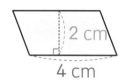

2 cm

4 cm

평행사변형의 넓이 : 4 × 2 = 8 (cm²)

💡 [보기]와 같이 평행사변형의 넓이를 구하는 식을 모두 쓰세요.

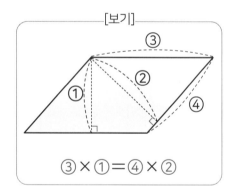

[보기]

③ × ① = ④ × ②

01

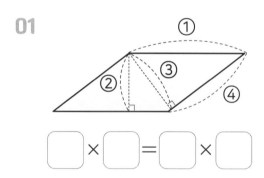

☐ × ☐ = ☐ × ☐

02

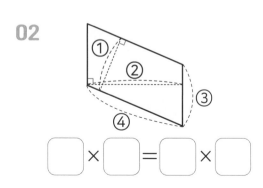

☐ × ☐ = ☐ × ☐

03

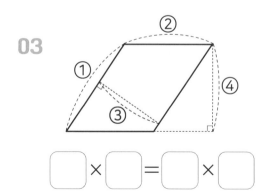

☐ × ☐ = ☐ × ☐

🔍 평행사변형의 넓이를 구하세요.

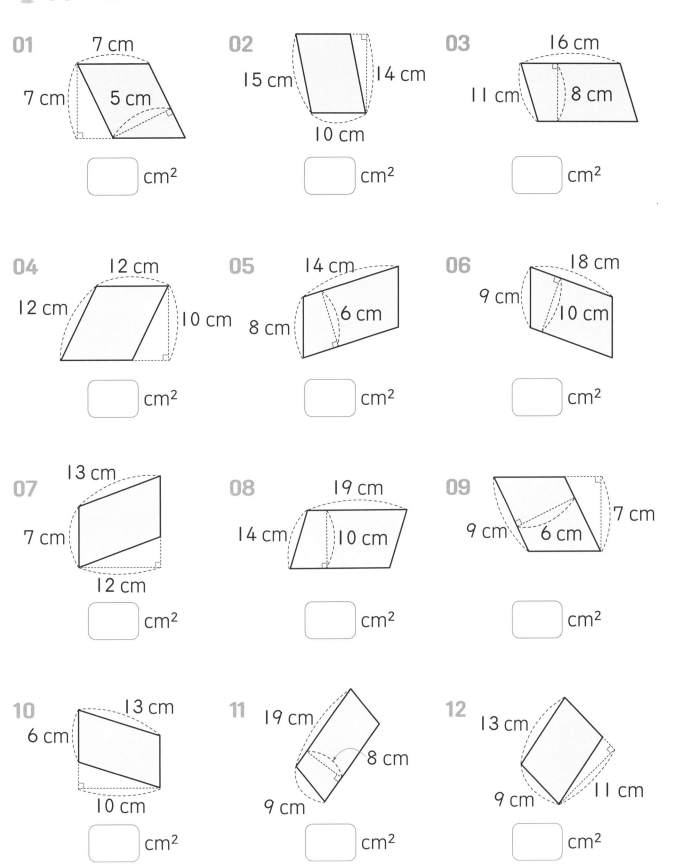

01
7 cm
7 cm
5 cm
◻️ cm²

02
15 cm
14 cm
10 cm
◻️ cm²

03
16 cm
11 cm
8 cm
◻️ cm²

04
12 cm
12 cm
10 cm
◻️ cm²

05
14 cm
8 cm
6 cm
◻️ cm²

06
18 cm
9 cm
10 cm
◻️ cm²

07
13 cm
7 cm
12 cm
◻️ cm²

08
19 cm
14 cm
10 cm
◻️ cm²

09
9 cm
6 cm
7 cm
◻️ cm²

10
13 cm
6 cm
10 cm
◻️ cm²

11
19 cm
8 cm
9 cm
◻️ cm²

12
13 cm
9 cm
11 cm
◻️ cm²

30 ⓑ (삼각형의 넓이)＝(밑변의 길이)×(높이)÷2

삼각형의 어느 한 변을 밑변이라 하면, 높이는 밑변과 마주 보는 꼭짓점에서 수직으로 그은 선분의 길이입니다.

삼각형의 밑변은 고정되어 있지 않아!
기준이 되는 변이 밑변이라구!

삼각형은 평행사변형의 절반으로 생각할 수 있습니다.
따라서, 삼각형의 넓이는 밑변의 길이와 높이를 곱한 다음 2로 나누어 구합니다.

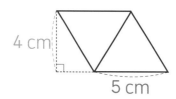

삼각형의 넓이 : 5×4÷2＝10 (cm²)

💡 [보기]와 같이 삼각형의 넓이를 구하는 식을 모두 쓰세요.

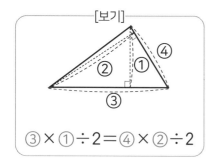

③×①÷2＝④×②÷2

01

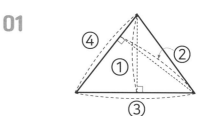

□×□÷2＝□×□÷2

02

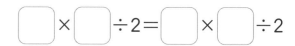

□×□÷2＝□×□÷2

03

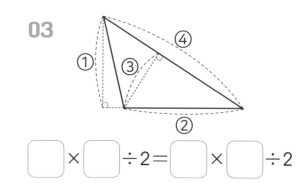

□×□÷2＝□×□÷2

🐧 삼각형의 넓이를 구하세요.

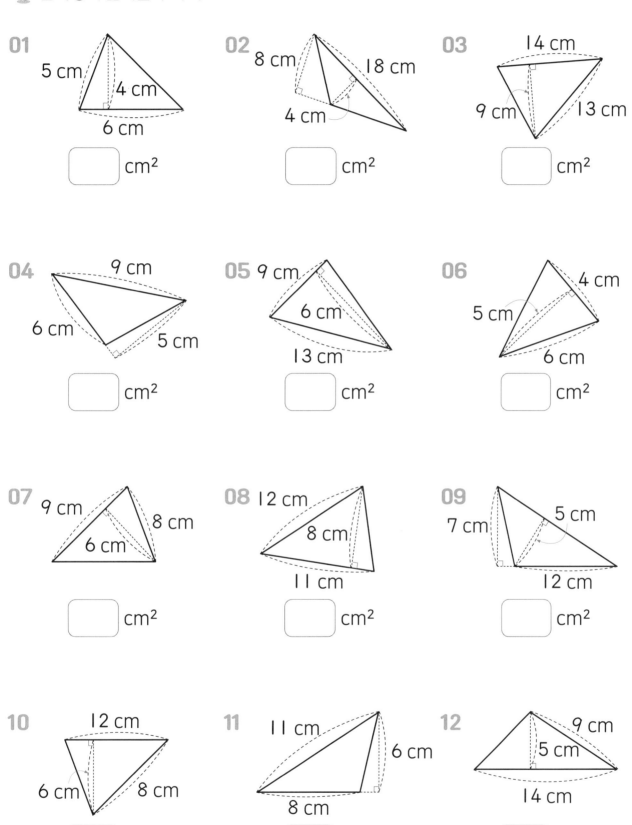

01 5 cm 4 cm 6 cm
▢ cm²

02 8 cm 18 cm 4 cm
▢ cm²

03 14 cm 9 cm 13 cm
▢ cm²

04 9 cm 6 cm 5 cm
▢ cm²

05 9 cm 6 cm 13 cm
▢ cm²

06 4 cm 5 cm 6 cm
▢ cm²

07 9 cm 8 cm 6 cm
▢ cm²

08 12 cm 8 cm 11 cm
▢ cm²

09 7 cm 5 cm 12 cm
▢ cm²

10 12 cm 6 cm 8 cm
▢ cm²

11 11 cm 6 cm 8 cm
▢ cm²

12 9 cm 5 cm 14 cm
▢ cm²

A (마름모의 넓이)＝(한 대각선의 길이)×(다른 대각선의 길이)÷2

마름모를 둘러싸는 직사각형의 가로, 세로 길이와 마름모의 두 대각선의 길이는 같습니다.

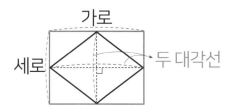

마름모는 직사각형의 절반으로 생각할 수 있습니다.

따라서, 마름모의 넓이는 한 대각선의 길이와 다른 대각선의 길이를 곱한 다음 2로 나누어 구합니다.

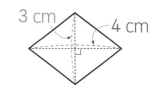

마름모의 넓이 : $4 \times 3 \div 2 = 6 \ (cm^2)$

☞ □ 안에 알맞은 수를 써넣어 마름모의 넓이를 구하세요.

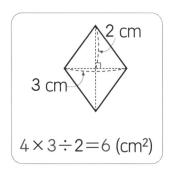

$4 \times 3 \div 2 = 6 \ (cm^2)$

01

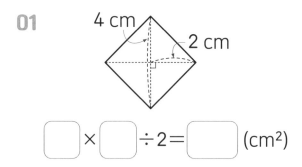

$\boxed{} \times \boxed{} \div 2 = \boxed{} \ (cm^2)$

02

6 cm
9 cm

$\boxed{} \times \boxed{} \div 2 = \boxed{} \ (cm^2)$

03

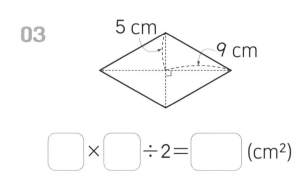

$\boxed{} \times \boxed{} \div 2 = \boxed{} \ (cm^2)$

🐛 마름모의 넓이를 구하세요.

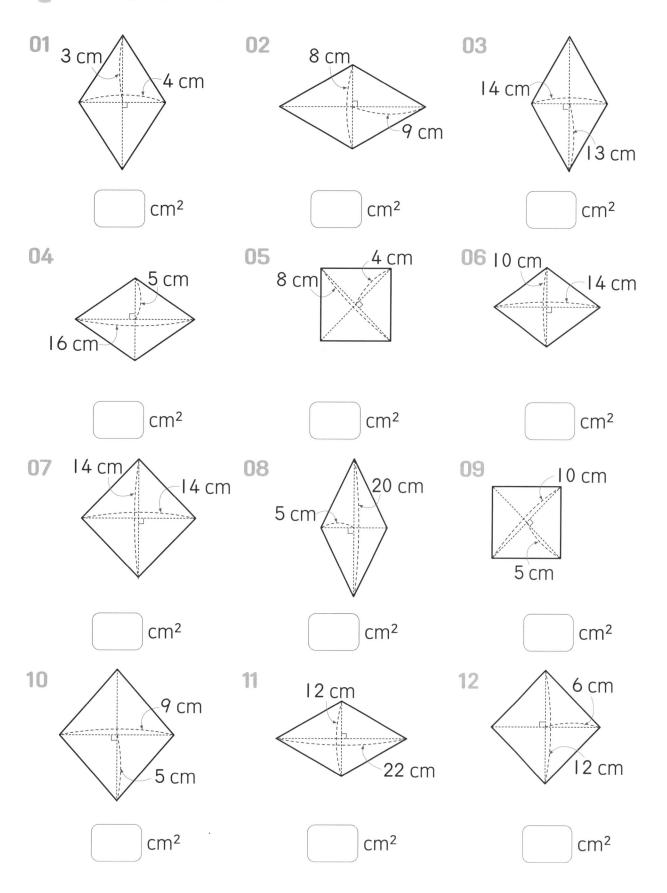

01   3 cm   4 cm
⬜ cm²

02   8 cm   9 cm
⬜ cm²

03   14 cm   13 cm
⬜ cm²

04   5 cm   16 cm
⬜ cm²

05   4 cm   8 cm
⬜ cm²

06   10 cm   14 cm
⬜ cm²

07   14 cm   14 cm
⬜ cm²

08   20 cm   5 cm
⬜ cm²

09   10 cm   5 cm
⬜ cm²

10   9 cm   5 cm
⬜ cm²

11   12 cm   22 cm
⬜ cm²

12   6 cm   12 cm
⬜ cm²

사다리꼴의 밑변은 평행한 두 변을 뜻하고 한 밑변을 윗변, 다른 밑변을 아랫변이라고 합니다. 높이는 두 밑변 사이의 거리를 뜻합니다.

사다리꼴은 평행사변형의 절반으로 생각할 수 있습니다.
따라서, 사다리꼴의 넓이는 윗변의 길이와 아랫변의 길이를 더하고 높이를 곱한 다음 2로 나누어 구합니다.

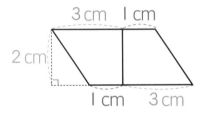

사다리꼴의 넓이 : (1+3)×2÷2=4 (cm²)

□ 안에 알맞은 수를 써넣어 사다리꼴의 넓이를 구하세요.

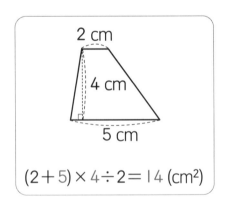

(2+5)×4÷2=14 (cm²)

01

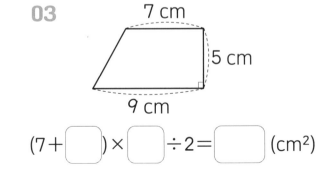

(2+□)×□÷2=□ (cm²)

02

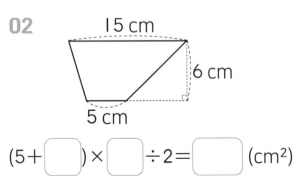

(5+□)×□÷2=□ (cm²)

03

(7+□)×□÷2=□ (cm²)

🔑 사다리꼴의 넓이를 구하세요.

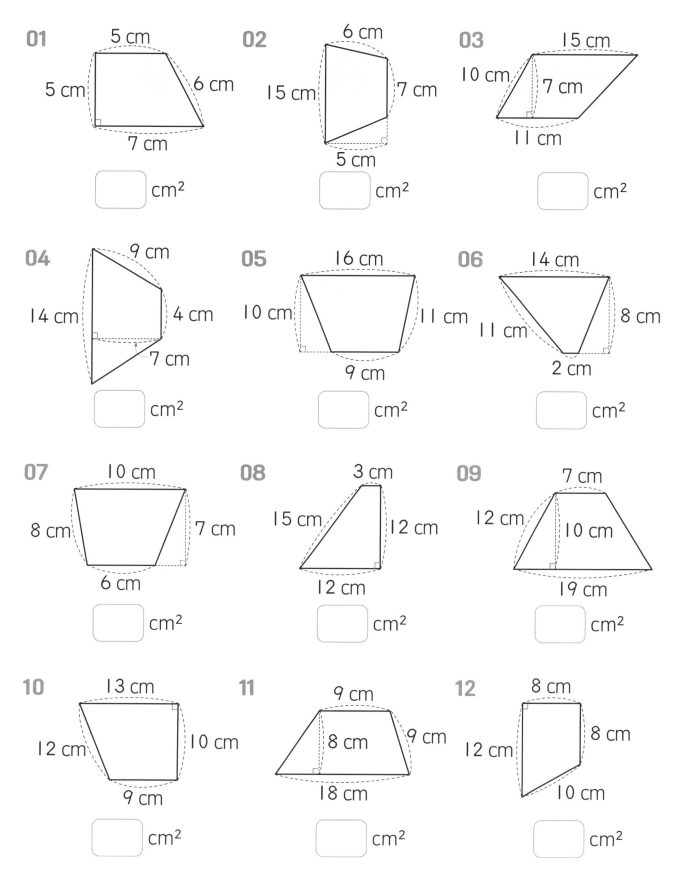

01
5 cm
5 cm
6 cm
7 cm

☐ cm²

02
6 cm
15 cm
7 cm
5 cm

☐ cm²

03
15 cm
10 cm
7 cm
11 cm

☐ cm²

04
9 cm
14 cm
4 cm
7 cm

☐ cm²

05
16 cm
10 cm
11 cm
9 cm

☐ cm²

06
14 cm
11 cm
8 cm
2 cm

☐ cm²

07
10 cm
8 cm
7 cm
6 cm

☐ cm²

08
3 cm
15 cm
12 cm
12 cm

☐ cm²

09
7 cm
12 cm
10 cm
19 cm

☐ cm²

10
13 cm
12 cm
10 cm
9 cm

☐ cm²

11
9 cm
8 cm
9 cm
18 cm

☐ cm²

12
8 cm
8 cm
12 cm
10 cm

☐ cm²

🐸 직사각형, 평행사변형, 삼각형, 마름모, 사다리꼴의 넓이를 구하세요.

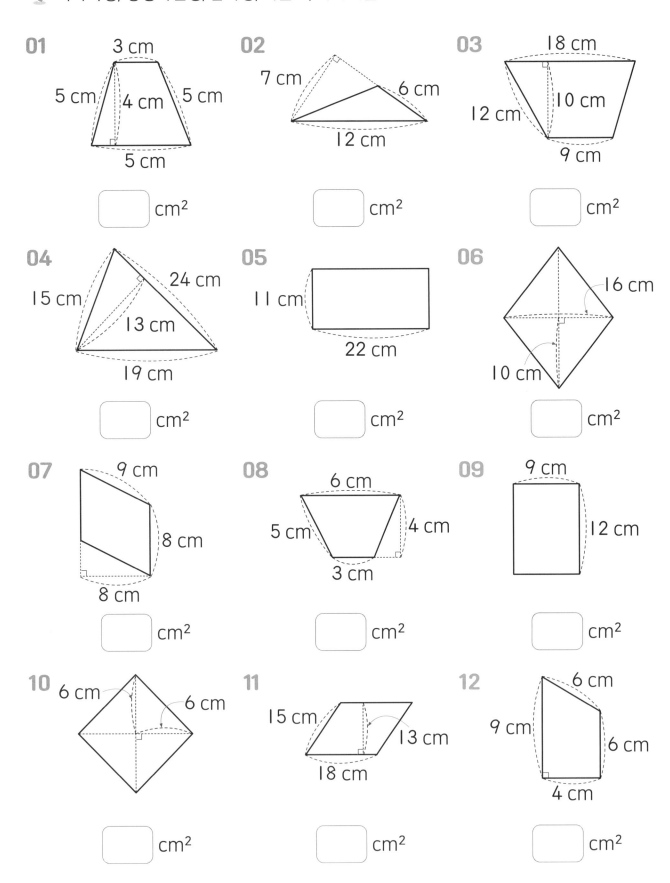

01
3 cm
5 cm 4 cm 5 cm
5 cm
[ ] cm²

02
7 cm
6 cm
12 cm
[ ] cm²

03
18 cm
10 cm
12 cm
9 cm
[ ] cm²

04
24 cm
15 cm 13 cm
19 cm
[ ] cm²

05
11 cm
22 cm
[ ] cm²

06
16 cm
10 cm
[ ] cm²

07
9 cm
8 cm
8 cm
[ ] cm²

08
6 cm
5 cm 4 cm
3 cm
[ ] cm²

09
9 cm
12 cm
[ ] cm²

10
6 cm 6 cm
[ ] cm²

11
15 cm 13 cm
18 cm
[ ] cm²

12
6 cm
9 cm 6 cm
4 cm
[ ] cm²

직사각형, 평행사변형, 삼각형, 마름모, 사다리꼴의 넓이를 구하세요.

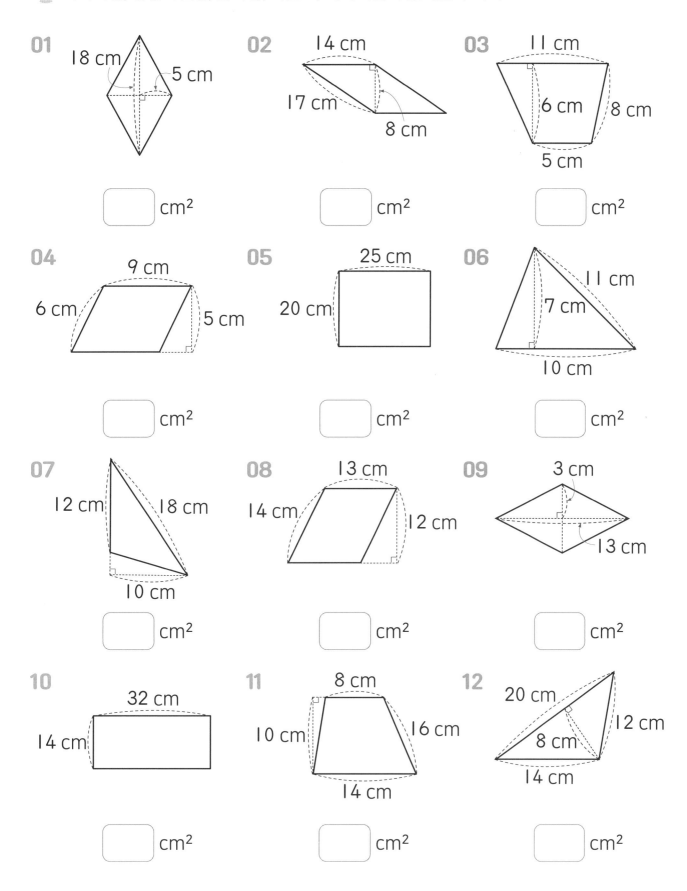

01 18 cm　5 cm
☐ cm²

02 14 cm　17 cm　8 cm
☐ cm²

03 11 cm　6 cm　8 cm　5 cm
☐ cm²

04 9 cm　6 cm　5 cm
☐ cm²

05 25 cm　20 cm
☐ cm²

06 11 cm　7 cm　10 cm
☐ cm²

07 12 cm　18 cm　10 cm
☐ cm²

08 13 cm　14 cm　12 cm
☐ cm²

09 3 cm　13 cm
☐ cm²

10 32 cm　14 cm
☐ cm²

11 8 cm　10 cm　16 cm　14 cm
☐ cm²

12 20 cm　8 cm　12 cm　14 cm
☐ cm²

01 □ 안에 알맞은 수를 써넣으세요.

2 m² = [ ] cm²

7000000 m² = [ ] km²

500000 cm² = [ ] m²

50 km² = [ ] m²

02 두 넓이의 크기를 비교하여 ○ 안에 >, =, <를 알맞게 써넣으세요.

100 cm² ◯ 1 m²

90000000 m² ◯ 10 km²

300000 cm² ◯ 20 m²

3000000 m² ◯ 3 km²

03 직사각형과 평행사변형의 넓이를 구하세요. 잠깐! 단위에 주의해!

700 cm | 3 m
[ ] m²

8000 m | 12 km
[ ] km²

6 m | 900 cm
[ ] m²

8 km / 4000 m
[ ] km²

3 km / 5000 m
[ ] km²

400 cm / 6 m
[ ] m²

04 삼각형, 마름모, 사다리꼴의 넓이를 구하세요.

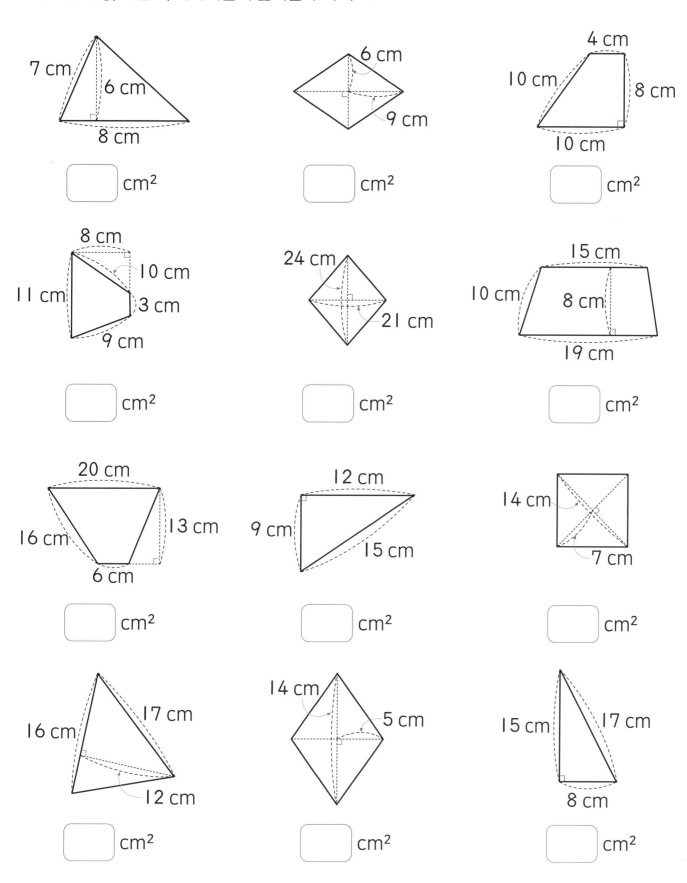

7 cm / 6 cm / 8 cm

⬚ cm²

6 cm / 9 cm

⬚ cm²

4 cm / 10 cm / 8 cm / 10 cm

⬚ cm²

8 cm / 10 cm / 11 cm / 3 cm / 9 cm

⬚ cm²

24 cm / 21 cm

⬚ cm²

15 cm / 10 cm / 8 cm / 19 cm

⬚ cm²

20 cm / 16 cm / 13 cm / 6 cm

⬚ cm²

12 cm / 9 cm / 15 cm

⬚ cm²

14 cm / 7 cm

⬚ cm²

17 cm / 16 cm / 12 cm

⬚ cm²

14 cm / 5 cm

⬚ cm²

15 cm / 17 cm / 8 cm

⬚ cm²

다음은 둘레의 길이가 같은 정삼각형과 정육각형입니다.

정육각형 2개는 정삼각형 몇 개와 넓이가 같을까요?

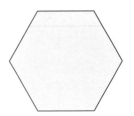

= ? 개

Quiz Quiz ▶ 122쪽

I에서 세 분수를 빼어 크기를 비교합니다.

$1-\frac{7}{9}=\frac{2}{9}$, $1-\frac{8}{10}=\frac{2}{10}$, $1-\frac{6}{8}=\frac{2}{8}$

분자가 모두 2로 같고, 분자가 같을 때 분모가 클수록 분수의 크기는 작으므로 $\frac{2}{10}<\frac{2}{9}<\frac{2}{8}$ 임을 알 수 있습니다. 또한 계산 결과가 작을수록 빼는 수는 크므로 $\frac{8}{10}>\frac{7}{9}>\frac{6}{8}$ 임을 알 수 있습니다.

PART 4. **다각형의 둘레와 넓이**

28A ▶ 124쪽

| 01 | 16 | 02 | 18 | 03 | 40 |
| 04 | 20 | 05 | 24 | 06 | 22 |

▶ 125쪽

01	56	02	39	03	60
04	54	05	26	06	32
07	36	08	40	09	16
10	40	11	32	12	40

28B ▶ 126쪽

01	8	02	90	03	42
04	36	05	24	06	136
07	18	08	32	09	22
10	24	11	55	12	48

▶ 127쪽

01	34	02	56	03	46
04	60	05	42	06	26
07	70	08	40	09	52
10	80	11	32	12	54

29A ▶ 128쪽

| 01 | 5, 3, 15 | 02 | 3, 3, 9 | 03 | 5, 5, 25 |
| 04 | 4 cm² | 05 | 16 m² | 06 | 12 km² |

▶ 129쪽

01	40000	02	20
03	130000	04	5
05	42000000	06	700
07	5400000	08	12
09	600000	10	321
11	20000000	12	640
13	7000000	14	40

29B ▶ 130쪽

01	12 m²	02	27 km²
03	81 m²	04	168 cm²	05	96 m²
06	117 km²	07	144 cm²	08	60 m²
09	48 km²	10	420 cm²	11	64 cm²

▶ 131쪽

01	16	02	72
03	50	04	42	05	120
06	169	07	54	08	36
09	204	10	9	11	240

30A ▶ 132쪽

| 01 | ①, ②, ④, ③ |
| 02 | ④, ①, ③, ② | 03 | ①, ③, ②, ④ |

▶ 133쪽

01	49	02	140	03	128
04	120	05	84	06	180
07	84	08	190	09	54
10	60	11	152	12	99

30B ▶ 134쪽

| 01 | ③, ①, ④, ② |
| 02 | ①, ③, ②, ④ | 03 | ②, ①, ④, ③ |

▶ 135쪽

01	12	02	36	03	63
04	15	05	27	06	10
07	27	08	44	09	42
10	36	11	24	12	35

31A ▶ 136쪽

| 01 | 4, 4, 8 |
| 02 | 6, 9, 27 | 03 | 10, 18, 90 |

▶ 137쪽

01	12	02	72	03	182
04	80	05	32	06	70
07	98	08	100	09	50
10	45	11	132	12	72

31B ▶ 138쪽

| 01 | 4, 3, 9 |
| 02 | 15, 6, 60 | 03 | 9, 5, 40 |

▶ 139쪽

| 01 | 30 | 02 | 55 | 03 | 91 |
| 04 | 63 | 05 | 125 | 06 | 64 |

| 07 | 56 | 08 | 90 | 09 | 130 |
| 10 | 110 | 11 | 108 | 12 | 80 |

32A ▶ 140쪽

01	16	02	21	03	135
04	156	05	242	06	160
07	64	08	18	09	108
10	72	11	234	12	30

▶ 141쪽

01	90	02	112	03	48
04	45	05	500	06	35
07	60	08	156	09	39
10	448	11	110	12	80

교과에선 이런 문제를 다루어요 ▶ 142쪽

01	20000, 7
	50, 50000000
02	<, >
	>, =
03	21, 96, 54
	32, 15, 24
04	24, 108, 56
	56, 252, 136
	169, 54, 98
	96, 70, 60

Quiz Quiz ▶ 144쪽

정삼각형과 정육각형을 작은 삼각형으로 나누면 정삼각형은 작은 삼각형 4개와 같고 정육각형은 작은 삼각형 6개와 같습니다.

정육각형 2개는 작은 삼각형 12개와 같고, 작은 삼각형 12개는 정삼각형 3개와 같습니다. 따라서 정육각형 2개의 넓이는 정삼각형 3개의 넓이와 같습니다.

PART 1. 자연수의 혼합 계산

01A ▶ 10쪽

01   29   02   22
   34   29
   29   22
03   43   04   42
   7   38
   39   53
   43   42

▶ 11쪽

01 13   07 115   08 9
02 48   09 2   10 13
03 7   04 18   11 43   12 41
05 13   06 0   13 36   14 49

01B ▶ 12쪽

01   24   02   245
   3   7
   24   245
03   18   04   7
   32   168
   2   56
   18   7

▶ 13쪽

01 96   07 42   08 2
02 12   09 12   10 150
03 32   04 3   11 34   12 54
05 8   06 36   13 9   14 56

02A ▶ 14쪽

01   6   02   72
   42   18
   6   72
03   88   04   33
   2   18
   22   42
   88   33

▶ 15쪽

01 42   07 362   08 55
02 80   09 94   10 14
03 3   04 24   11 24   12 51
05 44   06 9   13 132   14 15

02B ▶ 16쪽

01   32   02   1
   13   9
   32   1
03   3   04   35
   12   40, 5
   15   35
   3

▶ 17쪽

01 2   07 11   08 69
02 58   09 50   10 17
03 3   04 35   11 8   12 19
05 38   06 61   13 25   14 40

03A ▶ 18쪽

01   3   02   75
   108   64, 4
   18   79
   62   75
   3
03   29   04   76
   3   9, 50
   18   26
   46   76
   29

▶ 19쪽

01 12   07 20   08 33
02 9   09 1   10 25
03 9   04 46   11 10   12 1
05 16   06 0

03B ▶ 20쪽

01 44   02 10   07 7   08 23
03 59   04 29   09 30   10 21
05 33   06 2   11 29   12 20

▶ 21쪽

01 22   02 20   07 51   08 62
03 53   04 15   09 72   10 31
05 32   06 23   11 1   12 95

04A ▶ 22쪽

01   4   02   9
   39   3, 18
   156   3, 6
   13   9
   4
03   60   04   14
   7   2
   7   12
   28   2
   60   14

▶ 23쪽

01 6   07 6   08 61
02 13   09 14   10 26
03 38   04 44   11 38   12 17
05 40   06 10

04B ▶ 24쪽

01 5   02 29   07 57   08 53

03 10   04 35   09 61   10 37
05 44   06 33   11 6   12 10

▶ 25쪽

01 21   02 82   07 35   08 18
03 31   04 1   09 28   10 80
05 46   06 94   11 63   12 4

05A ▶ 26쪽

01 17   02 17   07 43   08 54
03 13   04 15   09 16   10 11
05 7   06 8   11 9   12 15

▶ 27쪽

01 38   02 24   07 23   08 36
03 66   04 45   09 9   10 134
05 72   06 2   11 58   12 29

05B ▶ 28쪽

01 56   02 17   07 78   08 46
03 180   04 36   09 0   10 59
05 30   06 17   11 182   12 170

▶ 29쪽

01 110   02 29   07 99   08 8
03 104   04 147   09 221   10 7
05 1   06 81   11 13   12 34

06A ▶ 30쪽

01 30   02 20   07 341   08 7
03 58   04 122   09 49   10 12
05 77   06 80   11 66   12 33

▶ 31쪽

01 39   02 37   07 57   08 36
03 4   04 123   09 52   10 10
05 14   06 119   11 17   12 3

교과에선 이런 문제를 다루어요 ▶ 32쪽

01 $86+25-\boxed{16\times4}-9\div3$ $60+4\times30\div\boxed{(14-9)}$

02 $52+3\times10-14\div2=$**75** $30\div6+8\times(15-12)=$**29**

03 82, 79

04 $6+5\times(12-7)=6+5\times5$ $8+42\div7-4\times2=8+6-4\times2$
          $=6+25$ $=8+6-8$
          $=31$ $=14-8$
         답 : **31**   답 : **6**

05 $48\div(6+2)\times9-3=51$ $3+4\times(27-18)\div9=7$
   $6\times4+18\div(9-6)=30$ $50-4\times(6+4)=10$

06 > ; <

07 식 : $(3+4)\times4\times12-2=334$, 답 : 334

08 식 : $30\times6\div12\times2=30$, 답 : 30

24A ▶ 106쪽

01 $1, 1, 24, \frac{20}{24}, 1\frac{5}{24}, 3\frac{5}{24}$

02 $5, 3, 36, \frac{3}{36}, 8, \frac{11}{36}, 8\frac{11}{36}$

03 $25, 16, 75, \frac{64}{36}, \frac{139}{36}, 3\frac{31}{36}$

04 $7, 13, 21, \frac{65}{15}, \frac{86}{15}, 5\frac{11}{15}$

▶ 107쪽

01 $2\frac{43}{60}$　02 $8\frac{1}{6}$　09 $7\frac{13}{14}$　10 $5\frac{7}{12}$

03 $4\frac{75}{112}$　04 $5\frac{9}{70}$　11 $4\frac{29}{30}$　12 $3\frac{23}{24}$

05 $5\frac{3}{16}$　06 $3\frac{29}{40}$　13 $6\frac{19}{36}$　14 $3\frac{11}{15}$

07 $7\frac{11}{12}$　08 $9\frac{1}{10}$

24B ▶ 108쪽

01 $10, 18, 55, 18, 55, 18, 37$

02 $9, 10, 21, 10, 21, 10, 11$

03 $27, 6, 135, 48, 87, 7$

04 $47, 32, 141, 64, 77, 17$

▶ 109쪽

01 $\frac{31}{63}$　02 $1\frac{47}{48}$　09 $3\frac{9}{10}$　10 $3\frac{19}{20}$

03 $2\frac{1}{24}$　04 $3\frac{19}{66}$　11 $1\frac{23}{42}$　12 $2\frac{23}{56}$

05 $1\frac{27}{40}$　06 $\frac{31}{40}$　13 $1\frac{29}{56}$　14 $2\frac{5}{6}$

07 $4\frac{5}{24}$　08 $3\frac{1}{7}$

25A ▶ 110쪽

01 $3\frac{1}{12}$　02 $\frac{17}{30}$　09 $3\frac{4}{5}$　10 $4\frac{1}{15}$

03 $5\frac{7}{18}$　04 $2\frac{31}{32}$　11 $8\frac{11}{60}$　12 $\frac{25}{84}$

05 $7\frac{7}{40}$　06 $3\frac{3}{26}$　13 $8\frac{29}{48}$　14 $1\frac{71}{72}$

07 $6\frac{11}{18}$　08 $2\frac{19}{36}$

▶ 111쪽

01 $5\frac{7}{40}$　02 $4\frac{41}{60}$　09 $11\frac{47}{70}$　10 $\frac{9}{14}$

03 $4\frac{1}{14}$　04 $3\frac{49}{72}$　11 $7\frac{12}{25}$　12 $2\frac{53}{54}$

05 $9\frac{13}{72}$　06 $\frac{37}{48}$　13 $4\frac{5}{9}$　14 $3\frac{7}{48}$

07 $6\frac{5}{6}$　08 $4\frac{33}{70}$

25B ▶ 112쪽

01 $5\frac{3}{10}$　06 $6\frac{29}{35}$　07 $8\frac{29}{45}$

02 $7\frac{1}{2}$　04 $4\frac{15}{16}$　08 $6\frac{3}{20}$　09 $6\frac{1}{20}$

04 $7\frac{3}{4}$　05 $6\frac{59}{112}$　10 $3\frac{3}{8}$　11 $6\frac{53}{90}$

▶ 113쪽

01 $1\frac{17}{56}$　06 $2\frac{19}{20}$　07 $1\frac{19}{48}$

02 $8\frac{25}{48}$　03 $2\frac{23}{39}$　08 $2\frac{13}{48}$　09 $1\frac{21}{26}$

04 $6\frac{25}{42}$　05 $6\frac{23}{180}$　10 $5\frac{23}{63}$　11 $5\frac{5}{9}$

26A ▶ 114쪽

01 $7\frac{31}{60}$　02 $\frac{4}{21}$　09 $\frac{25}{84}$　10 $1\frac{57}{77}$

03 $\frac{59}{72}$　04 $1\frac{39}{40}$　11 $10\frac{5}{24}$　12 $\frac{13}{105}$

05 $1\frac{1}{30}$　06 $1\frac{15}{16}$　13 $4\frac{2}{3}$　14 $\frac{19}{36}$

07 $10\frac{29}{50}$　08 $\frac{19}{36}$

▶ 115쪽

01 $8\frac{1}{21}$　02 $\frac{1}{9}$　09 $1\frac{13}{126}$　10 $1\frac{16}{33}$

03 $\frac{25}{48}$　04 $2\frac{47}{60}$　11 $8\frac{17}{40}$　12 $\frac{13}{60}$

05 $\frac{29}{75}$　06 $2\frac{19}{36}$　13 $1\frac{17}{48}$　14 $4\frac{11}{14}$

07 $8\frac{20}{21}$　08 $\frac{5}{112}$

26B ▶ 116쪽

01 $\frac{27}{40}$

02 $\frac{101}{120}$　03 $1\frac{13}{21}$

04 $7\frac{41}{48}$　05 $3\frac{2}{5}$

06 $\frac{43}{96}$　07 $1\frac{14}{45}$

08 $7\frac{27}{50}$　09 $6\frac{61}{84}$

▶ 117쪽

01 $\frac{5}{9}$

02 $\frac{22}{75}$　03 $4\frac{23}{24}$

04 $3\frac{9}{32}$　05 $\frac{5}{12}$

06 $2\frac{11}{28}$　07 $\frac{53}{84}$

08 $2\frac{13}{36}$　09 $\frac{29}{80}$

27A ▶ 118쪽

01 $6\frac{71}{168}$　02 $\frac{41}{70}$　09 $6\frac{13}{14}$　10 $8\frac{79}{120}$

03 $9\frac{5}{24}$　04 $3\frac{11}{15}$　11 $\frac{79}{112}$　12 $3\frac{8}{35}$

05 $3\frac{13}{35}$　06 $\frac{50}{63}$　13 $1\frac{33}{40}$　14 $\frac{47}{104}$

07 $\frac{43}{72}$　08 $5\frac{1}{20}$

▶ 119쪽

01 $\frac{7}{24}$　02 $4\frac{1}{6}$　09 $1\frac{8}{15}$　10 $\frac{23}{48}$

03 $\frac{11}{12}$　04 $5\frac{31}{36}$　11 $10\frac{31}{72}$　12 $\frac{13}{60}$

05 $5\frac{13}{18}$　06 $1\frac{1}{44}$　13 $1\frac{9}{16}$　14 $7\frac{13}{30}$

07 $12\frac{26}{63}$　08 $6\frac{53}{60}$

교과에선 이런 문제를 다루어요 ▶ 120쪽

01 $1, 5$　　　　　　　$1, 2, 4, 5, 7, 8$

02 $16, 6, 4$　　　　　$10, 15, 16$

03 $\frac{126}{216}, \frac{156}{216}$　$\frac{140}{300}, \frac{135}{300}$　$\frac{16}{72}, \frac{45}{72}$

　　$\frac{21}{36}, \frac{26}{36}$　$\frac{28}{60}, \frac{27}{60}$　$\frac{16}{72}, \frac{45}{72}$

04 $0.4, \frac{1}{2}, \frac{3}{4}, \frac{4}{5}$　　$\frac{3}{5}, 0.8, 0.9, \frac{24}{25}$

05 $\frac{58}{77}$　　　　　　$\frac{19}{20}$

　　$4\frac{1}{10}$　　　　　$6\frac{23}{30}$

06 $\frac{1}{8}$　　　　　　$\frac{1}{120}$

　　$\frac{2}{3}$　　　　　　$3\frac{3}{5}$

07 $<$　　　　　　　$<$

08 정화, $\frac{1}{90}$

Quiz Quiz ▶ 34쪽

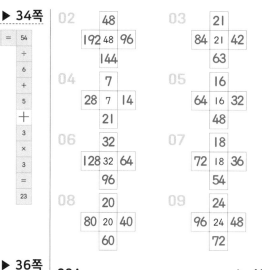

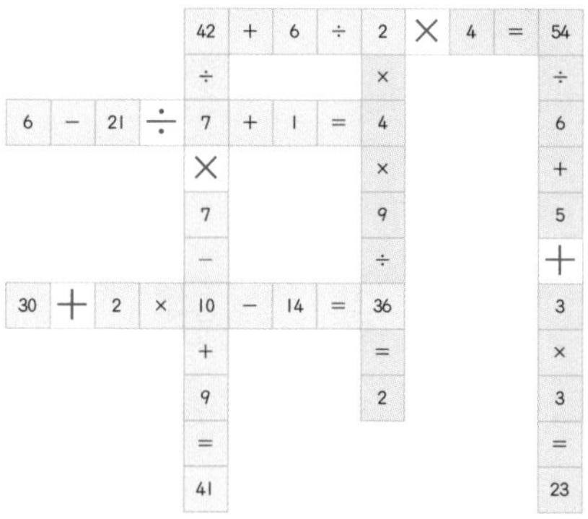
42 + 6 ÷ 2 × 4 = 54
6 − 21 ÷ 7 + 1 = 4
30 + 2 × 10 − 14 = 36
41
23
2

PART 2. 약수와 배수

07A ▶ 36쪽

01 1, 14
2, 7
7, 2
14, 1
1, 2, 7, 14

02 1, 10
2, 5
5, 2
10, 1
1, 2, 5, 10

03 1, 21
3, 7
7, 3
21, 1
1, 3, 7, 21

04 1, 16
2, 8
4, 4
8, 2
16, 1
1, 2, 4, 8, 16

▶ 37쪽

01 1, 2, 3, 6
3, 6

02 1, 5, 7, 35
5, 35

03 1, 3, 5, 15
5, 15

04 1, 2, 3, 6, 9, 18
3, 9, 18

05 1, 2, 3, 4, 6, 12
3, 6, 12

06 1, 2, 4, 8
4, 8

07 1, 2, 4, 5, 10, 20
4, 10, 20

08 1, 2, 7, 14
1, 2

09 1, 2, 4, 7, 14, 28
2, 7, 28

10 1, 3, 5, 9, 15, 45
3, 9, 45

11 1, 3, 7, 9, 21, 63
3, 9, 63

07B ▶ 38쪽

01 10 ○△30 25 △12 △42

02 ○24 ○△60 △30 28 54

03 △3 16 ○△18 20 23

04 ○△56 △42 60 △70 ○72

05 ○△24 50 ○△120 ○16 46

06 △36 100 △81 ○△63 ○84

07 ○22 △39 55 61 △91

08 18 ○49 29 36 △85

▶ 39쪽

01 11
44 11 22
33

02 48
192 48 96
144

03 21
84 21 42
63

04 7
28 7 14
21

05 16
64 16 32
48

06 32
128 32 64
96

07 18
72 18 36
54

08 20
80 20 40
60

09 24
96 24 48
72

08A ▶ 40쪽

01 4
4, 12
12, 3, 4

02 9
9, 72
72, 8, 9

03 28
4, 28
28, 4, 7

04 4
4, 68
68, 4, 17

05 14
14, 56
56, 4, 14

06 6
6, 72
72, 6, 12

▶ 41쪽

01 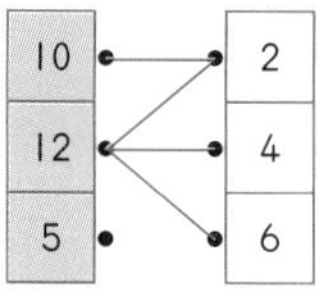
10
12
5
2
4
6

02 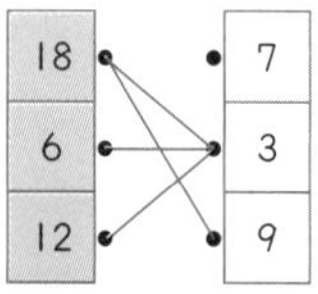
18
6
12
7
3
9

03 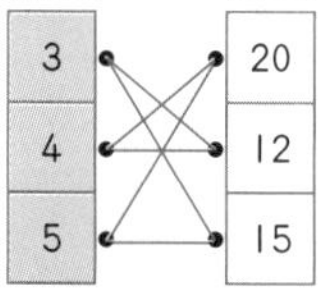
3
4
5
20
12
15

04 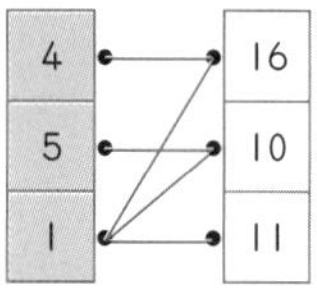
4
5
1
16
10
11

05 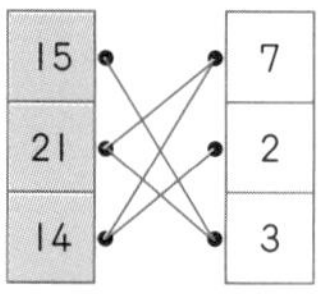
15
21
14
7
2
3

06 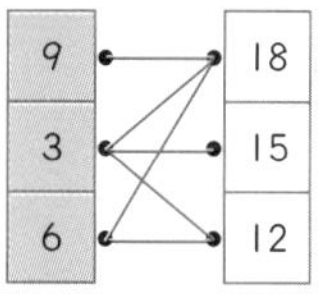
9
3
6
18
15
12

07 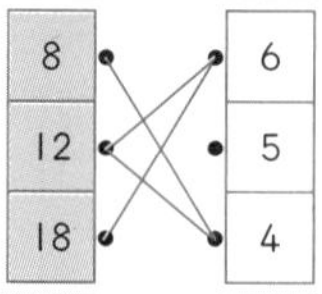
8
12
18
6
5
4

08 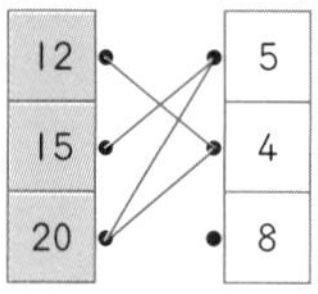
12
15
20
5
4
8

09 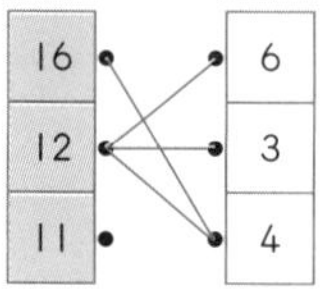
16
12
11
6
3
4

08B ▶ 42쪽

01 (13, 52)
02 (2, 32) (15, 45)
03 (7, 14) (16, 96)
04 (6, 24) (17, 85)
05 (14, 28) (25, 50)
06 (16, 80) (40, 80)
07 (4, 28) (7, 28)
08 (12, 36) (27, 81)

▶ 43쪽

01

48	36	○42
△2	14	○70
38	10	△7

02

28	○72	6
△4	8	46
○96	60	△1

03

35	○90	75
8	10	○60
4	○40	△2

04

88	73	○48
△6	12	69
25	○60	△4

05

3	36	○56
54	7	○84
○21	△1	92

06

○48	○90	4
64	6	86
△3	○24	9

07

○68	54	○88
82	4	○40
34	94	△2

08

○75	65	△5
○90	15	9
55	6	○45

09

92	45	36
△1	11	○88
72	43	○22

09A ▶ 44쪽

01 ○1 ○2 ○3 4 ◎6 12
○1 ○2 ○3 ◎6 9 18

02 ○1 ◎2 3 6
○1 ◎2 7 14

03 ○1 ◎5 25
○1 ◎5 7 35

04 ○1 ○2 ○4 ○8 ◎16
○1 ○2 ○4 ○8 ◎16 32

05 ○1 ○2 ◎4 5 10 20
○1 ○2 ◎4 8 16

▶ 45쪽

01 ○1 2 ◎5 10
○1 ◎5 7 35

02 ○1 3 ◎7 21
○1 2 4 ◎7 14 28

03 ○1 ○3 5 ◎9 15 45
○1 ○3 ◎9 27

04 ○1 ◎5 7 35
○1 3 ◎5 9 15 45

05 ○1 3 ◎13 39
○1 2 ◎13 26

06 ○1 ○2 ○11 ◎22
○1 ○2 4 ○11 ◎22 44

07 ○1 ◎2 3 6 9 18
○1 ◎2 4 7 14 28

08 ○1 ○2 ◎4 13 26 52
○1 ○2 ◎4 8 16

09 ○1 2 ◎5 10 25 50
○1 3 ◎5 15

10 ○1 2 ○3 6 ◎9 18
○1 ○3 ◎9 27

09B ▶ 46쪽

01 7 ◎14 21 ○28
◎14 ○28

02 6 12 ◎18 24 30 ○36
9 ◎18 27 ○36

03 8 16 ◎24 32 40 ○48
12 ◎24 36 ○48

04 5 10 ◎15 20 25 ○30
◎15 ○30

05 2 4 ◎6 8 10 ○12
3 ◎6 9 ○12

▶ 47쪽

01 5 ◎10 15 ○20
◎10 ○20

02 12 24 ◎36 48 60 ○72
18 ◎36 54 ○72

03 6 ◎12 18 ○24
◎12 ○24

04 11 ◎22 33 ○44
◎22 ○44

19B ▶ 88쪽

01 $\frac{2}{5}$ ⟨$\frac{6}{10}$⟩ ⟨$\frac{3}{5}$⟩ $\frac{22}{40}$ $\frac{3}{4}$

02 ⟨$\frac{12}{36}$⟩ ⟨$\frac{18}{54}$⟩ $\frac{2}{3}$ $\frac{3}{4}$ ⟨$\frac{2}{6}$⟩　03 ⟨$\frac{4}{12}$⟩ $\frac{9}{24}$ $\frac{3}{6}$ ⟨$\frac{1}{3}$⟩ $\frac{30}{96}$

04 ⟨$\frac{48}{64}$⟩ $\frac{5}{8}$ $\frac{10}{16}$ $\frac{9}{16}$ ⟨$\frac{3}{4}$⟩　05 $\frac{74}{108}$ ⟨$\frac{18}{27}$⟩ $\frac{14}{18}$ $\frac{5}{9}$ ⟨$\frac{2}{3}$⟩

06 $\frac{2}{3}$ $\frac{8}{18}$ ⟨$\frac{2}{6}$⟩ ⟨$\frac{4}{12}$⟩ $\frac{5}{9}$　07 ⟨$\frac{28}{84}$⟩ $\frac{32}{84}$ $\frac{8}{21}$ $\frac{3}{6}$ ⟨$\frac{1}{3}$⟩

▶ 89쪽

01 $\frac{7}{12}, \frac{10}{12}$　02 $\frac{9}{60}, \frac{16}{60}$

03 $\frac{45}{70}, \frac{21}{70}$　04 $\frac{33}{108}, \frac{20}{108}$　05 $\frac{28}{48}, \frac{15}{48}$

06 $\frac{18}{33}, \frac{8}{33}$　07 $\frac{16}{36}, \frac{3}{36}$　08 $\frac{21}{48}, \frac{26}{48}$

09 $5\frac{7}{56}, 5\frac{12}{56}$　10 $2\frac{11}{24}, 2\frac{10}{24}$　11 $5\frac{39}{54}, 6\frac{26}{54}$

12 $9\frac{20}{25}, 7\frac{13}{25}$　13 $1\frac{16}{21}, 1\frac{18}{21}$　14 $4\frac{7}{42}, 1\frac{15}{42}$

20A ▶ 90쪽

01 $>, 70, \frac{63}{180}$

02 $<, 78, \frac{88}{144}$　03 $>, 21, \frac{20}{48}$

04 $>, 25, \frac{24}{90}$　05 $<, 25, \frac{27}{30}$

▶ 91쪽

01 >　02 <　09 >　10 >
03 >　04 >　11 >　12 <
05 <　06 >　13 <　14 >
07 >　08 <

20B ▶ 92쪽

01 >　02 >　05 <　06 >
03 >　04 <　07 <　08 <

▶ 93쪽

01 >　02 >　09 <　10 >
03 <　04 >　11 <　12 <
05 >　06 >　13 <　14 >
07 >　08 <

21A ▶ 94쪽

01 $\frac{3}{5}, \frac{2}{3}, \frac{7}{10}$　02 $\frac{5}{8}, \frac{7}{10}, \frac{3}{4}$

03 $\frac{12}{35}, \frac{2}{5}, \frac{3}{7}$　04 $\frac{5}{6}, \frac{8}{9}, \frac{11}{12}$

05 $\frac{1}{4}, \frac{9}{28}, \frac{3}{7}$　06 $\frac{7}{15}, \frac{5}{9}, \frac{7}{10}$

▶ 95쪽

01 $\frac{2}{3}$ $\frac{5}{8}$ ⟨$\frac{7}{9}$⟩　02 $\frac{17}{20}$ ⟨$\frac{7}{8}$⟩ $\frac{3}{4}$

03 $\frac{11}{20}$ $\frac{2}{3}$ ⟨$\frac{7}{10}$⟩　04 ⟨$\frac{7}{12}$⟩ $\frac{1}{2}$ $\frac{5}{14}$

05 $\frac{9}{14}$ $\frac{5}{7}$ ⟨$\frac{16}{21}$⟩　06 ⟨$\frac{1}{2}$⟩ $\frac{9}{22}$ $\frac{5}{11}$

07 ⟨$\frac{11}{14}$⟩ $\frac{3}{4}$ $\frac{7}{12}$　08 $\frac{5}{8}$ $\frac{2}{3}$ ⟨$\frac{13}{16}$⟩

09 ⟨$\frac{2}{5}$⟩ $\frac{11}{30}$ $\frac{1}{3}$　10 $\frac{1}{6}$ ⟨$\frac{3}{14}$⟩ $\frac{4}{21}$

11 $\frac{4}{15}$ ⟨$\frac{2}{5}$⟩ $\frac{7}{20}$　12 ⟨$\frac{51}{56}$⟩ $\frac{7}{8}$ $\frac{6}{7}$

21B ▶ 96쪽

01 <　02 >　07 <　08 <
03 >　04 =　09 >　10 >
05 >　06 >　11 >　12 >

▶ 97쪽

01 $0.3, \frac{3}{5}, \frac{3}{4}, 0.8$　02 $0.5, \frac{3}{5}, \frac{13}{20}, 0.7$

03 $\frac{1}{4}, 0.26, \frac{3}{10}, 0.34$　04 $2.4, 2\frac{3}{4}, 2\frac{7}{8}, 2.9$

05 $0.3, \frac{7}{20}, \frac{3}{8}, 0.43$　06 $\frac{3}{5}, 0.62, \frac{7}{10}, 0.8$

07 $1.2, 1.4, 1\frac{1}{2}, 1\frac{3}{5}$　08 $4.1, 4.3, 4\frac{8}{25}, 4\frac{7}{20}$

22A ▶ 98쪽

01 $\frac{6}{6}, \frac{9}{9}, \frac{30}{54}, \frac{45}{54}, \frac{75}{54}, 54, 18$

02 $\frac{12}{12}, \frac{4}{4}, \frac{36}{48}, \frac{20}{48}, \frac{56}{48}, 48, 6$

03 $\frac{2}{2}, \frac{3}{3}, \frac{14}{24}, \frac{9}{24}, \frac{23}{24}$

04 $\frac{3}{3}, \frac{2}{2}, \frac{9}{30}, \frac{8}{30}, \frac{17}{30}$

▶ 99쪽

01 $1\frac{1}{4}$　02 $\frac{33}{40}$　09 $\frac{11}{48}$　10 $\frac{35}{36}$

03 $\frac{49}{60}$　04 $\frac{11}{20}$　11 $1\frac{1}{18}$　12 $\frac{35}{48}$

05 $\frac{37}{42}$　06 $1\frac{13}{20}$　13 $\frac{17}{22}$　14 $1\frac{3}{16}$

07 $1\frac{13}{18}$　08 $\frac{37}{60}$

22B ▶ 100쪽

01 $\frac{6}{6}, \frac{4}{4}, \frac{18}{24}, \frac{4}{24}, \frac{14}{24}, 12$

02 $\frac{8}{8}, \frac{6}{6}, \frac{40}{48}, \frac{18}{48}, \frac{22}{48}, 24$

03 $\frac{3}{3}, \frac{4}{4}, \frac{33}{36}, \frac{20}{36}, 36$

04 $\frac{3}{3}, \frac{1}{1}, \frac{12}{15}, \frac{4}{15}, 15$

▶ 101쪽

01 $\frac{1}{4}$　02 $\frac{17}{90}$　09 $\frac{16}{77}$　10 $\frac{5}{42}$

03 $\frac{2}{5}$　04 $\frac{11}{24}$　11 $\frac{29}{40}$　12 $\frac{11}{24}$

05 $\frac{19}{84}$　06 $\frac{2}{15}$　13 $\frac{1}{16}$　14 $\frac{4}{45}$

07 $\frac{19}{80}$　08 $\frac{1}{10}$

23A ▶ 102쪽

01 $\frac{83}{84}$　02 $\frac{9}{40}$　09 $\frac{43}{60}$　10 $\frac{7}{15}$

03 $\frac{9}{16}$　04 $\frac{1}{9}$　11 $\frac{23}{24}$　12 $\frac{23}{75}$

05 $1\frac{1}{12}$　06 $\frac{13}{60}$　13 $1\frac{2}{15}$　14 $\frac{3}{16}$

07 $1\frac{28}{45}$　08 $\frac{1}{48}$

▶ 103쪽

01 $1\frac{1}{8}$　02 $\frac{3}{10}$　09 $1\frac{5}{16}$　10 $\frac{41}{70}$

03 $\frac{2}{3}$　04 $\frac{13}{54}$　11 $\frac{17}{18}$　12 $\frac{7}{40}$

05 $\frac{19}{48}$　06 $\frac{17}{42}$　13 $1\frac{4}{15}$　14 $\frac{2}{3}$

07 $\frac{23}{36}$　08 $\frac{5}{12}$

23B ▶ 104쪽

01 $1\frac{29}{42}$　06 $1\frac{13}{24}$　07 $\frac{18}{35}$

02 $\frac{31}{45}$　03 $\frac{33}{40}$　08 $1\frac{5}{22}$　09 $1\frac{17}{24}$

04 $1\frac{3}{10}$　05 $1\frac{1}{5}$

▶ 105쪽

01 $\frac{1}{3}$　06 $\frac{3}{20}$　07 $\frac{23}{72}$

02 $\frac{7}{16}$　03 $\frac{19}{42}$　08 $\frac{41}{60}$　09 $\frac{17}{36}$

04 $\frac{5}{24}$　05 $\frac{1}{4}$

05 ⑨ ⑱
　　3 6 ⑨ 12 15 ⑱
06 14 28 ㊷ 56 70 ⑧④
　　21 ㊷ 63 ⑧④
07 16 32 ㊽ 64 80 ⑨⑥
　　12 24 36 ㊽ 60 72 84 ⑨⑥
08 8 16 ㉔ 32 40 ㊽
　　6 12 18 ㉔ 30 36 42 ㊽
09 9 18 27 ㊱ 45 54 63 ⑦②
　　12 24 ㊱ 48 60 ⑦②
10 18 36 �554 72 90 ⑩⑧
　　27 �554 81 ⑩⑧

10A ▶ 48쪽

01 2　　　02 4
　　60　　　　80
03 10　　04 14　　05 15
　　150　　　 84　　　 90

▶ 49쪽

01 2, 10, 6　02 3, 6, 3
　　4　　　　　9
　　120　　　 54
03 10, 40, 3　04 2, 12　05 9, 18, 3
　　20　　　　 3, 9　　　18
　　240　　　　3　　　　 108
　　　　　　　 12
　　　　　　　 72
06 2, 10, 4　07 2, 26, 7　08 2, 4, 5
　　6　　　　　4　　　　　8
　　120　　　 364　　　　80

10B ▶ 50쪽

01 5　　　02 6　　　03 6
　　75　　　　60　　　　72
04 3　　　05 4　　　06 13
　　135　　　144　　　　78
07 7　　　08 6　　　09 7
　　70　　　　144　　　294

▶ 51쪽

01 6　　　02 11　　　03 16
　　210　　　132　　　　48
04 21　　05 10　　　06 4
　　42　　　　150　　　 120
07 2　　　08 8　　　09 9
　　112　　　　48　　　 180

11A ▶ 52쪽

01 2　　　02 8　　　03 12
　　144　　　120　　　 144
04 5　　　05 3　　　06 4
　　35　　　　105　　　 220

07 14　　08 2　　　09 18
　　84　　　　40　　　 108

▶ 53쪽

01 25　　02 9　　　03 7
　　75　　　　54　　　　42
04 2　　　05 6　　　06 3
　　60　　　　210　　　 72
07 4　　　08 12　　09 20
　　96　　　　72　　　 120

11B ▶ 54쪽

01 11　　02 4　　　03 2
　　66　　　 120　　　 48
04 6　　　05 6　　　06 4
　　90　　　 108　　　 240
07 18　　08 7　　　09 16
　　216　　 140　　　 32

▶ 55쪽

01 3　　　02 5　　　03 4
　　45　　　 120　　　 48
04 2　　　05 10　　06 21
　　126　　 120　　　 63
07 15　　08 21　　09 6
　　210　　 252　　　132

12A ▶ 56쪽

01 2
　　2×2×2×2×2×7=224
02 2×2=4
　　2×2×2×2×5=80
03 5
　　2×2×2×5×5=200

▶ 57쪽

01 2, 2, 2
　　5
　　2
　　2×2×2×2×3×5=240
02 2, 2, 3
　　2, 2
　　2×2×2=8
　　2×2×2×2×3=48
03 2, 7
　　2, 2, 3
　　2×2=4
　　2×2×2×3×7=168
04 3, 3
　　3, 3
　　3×3=9
　　3×3×3×2=54

05 3, 7
　　2, 2, 7
　　2×7=14
　　2×7×2×2×3=168
06 2, 3
　　3, 5
　　2×3=6
　　2×3×2×5=60
07 2, 2, 5
　　5
　　5
　　5×2×2×2×3=120

12B ▶ 58쪽

01 3×5
　　2×2×3×3
　　3
　　180
02 2×5×5　03 2×3×7
　　2×3×5　　 2×2×7
　　10　　　　 14
　　150　　　　84
04 2×7　　05 2×2×3×5
　　2×2×2×7　 2×2×2×2
　　14　　　　 4
　　56　　　　 240
06 2×11　　07 3×3×3
　　3×11　　　 2×2×3×3
　　11　　　　 9
　　66　　　　 108

▶ 59쪽

01 2×3×3　02 5×7
　　2×7　　　 2×2×5
　　2　　　　 5
　　126　　　 140
03 2×3×3　04 2×2×3
　　3×3×5　　 2×3×7
　　9　　　　 6
　　90　　　　84
05 2×2×7　06 5×5
　　2×3×5　　 3×3×5
　　2　　　　 5
　　420　　　 225
07 2×3×13　08 2×2×5
　　2×2×13　　 2×2×7
　　26　　　　 4
　　156　　　 140

13A ▶ 60쪽

01 3×3×5　02 2×2×3×3
　　2×3×3　　 2×2×3
　　9　　　　 12
　　90　　　　36

03 2×2×3
2×11
2
132

04 3×5
2×2×5
5
60

05 3×3×5
2×5
5
90

06 2×2×3×5
3×3×5
15
180

07 2×5×7
2×3×7
14
210

08 2×2×13
2×11
2
572

▶ 61쪽

01 2×3×5
2×2×2×3
6
120

02 3×7
3×3×3
3
189

03 2×2×2×2
2×2×11
4
176

04 3×3×5
3×3×3
9
135

05 2×3×3
2×3×3×3
18
54

06 3×5
5×7
5
105

07 2×3×3×3
2×2×3×3
18
108

08 2×2×2×7
2×2×2×3
8
168

13B ▶ 62쪽

01 3×11
2×2×2×3
3
264

02 2×2×3×3
2×2×2×5
4
360

03 3×3×3
3×3×5
9
135

04 2×2×3×7
2×2×2×3
12
168

05 2×3×3
2×3×7
6
126

06 2×13
3×13
13
78

07 2×2×5
2×2×13
4
260

08 2×3×3×3
2×2×2×3
6
216

▶ 63쪽

01 3×5×7
2×3×7
21
210

02 2×3×3
2×3×5
6
90

03 2×3×7
2×2×3
6
84

04 3×13
2×3×3
3
234

05 5×13
2×13
13
130

06 2×2×3×7
2×2×7
28
84

07 2×3×11
2×2×11
22
132

08 2×2×2×2×3
2×2×2×2×5
16
240

14A ▶ 64쪽

01 4
1, 2, 4

02 10
1, 2, 5, 10

03 5
1, 5

04 6
1, 2, 3, 6

05 6
1, 2, 3, 6

06 4
1, 2, 4

▶ 65쪽

01 4
1, 2, 4

02 14
1, 2, 7, 14

03 16
1, 2, 4, 8, 16

04 10
1, 2, 5, 10

05 8
1, 2, 4, 8

06 4
1, 2, 4

07 9
1, 3, 9

08 6
1, 2, 3, 6

14B ▶ 66쪽

01 ⑤ 10 40 30 25

02 ② 3 ④ 6 12

03 ① 7 9 ⑬ 16

04 ③ ⑦ 11 14 ㉑

05 2 ③ 4 6 ⑨

06 ② 3 ④ ⑥ 12

07 ① 3 ⑦ 13 17

08 ④ 7 ⑧ ⑫ ㉔

09 ① 3 7 11 ⑬

10 ② 6 ⑧ 9 16

▶ 67쪽

01 6, 4

02 13, 2

03 6, 4

04 18, 6

05 15, 4

06 20, 6

07 4, 3

08 5, 2

09 7, 2

10 14, 4

11 12, 6

15A ▶ 68쪽

01 120
120, 240, 360

02 90
90, 180, 270

03 180
180, 360, 540

04 72
72, 144, 216

05 84
84, 168, 252

06 80
80, 160, 240

▶ 69쪽

01 45
45, 90, 135

02 96
96, 192, 288

03 36
36, 72, 108

04 42
42, 84, 126

05 60
60, 120, 180

06 120
120, 240, 360

07 144
144, 288, 432

08 420
420, 840, 1260

15B ▶ 70쪽

01 225
450

02 24
48

03 42
84

04 120
240

05 312
624

06 126
252

07 360
720

08 48
96

▶ 71쪽

01 78

02 420

03 162

04 540

05 72

06 96

07 140

08 72

09 490

10 144

11 90

16A ▶ 72쪽

01 4
60

02 12
144

03 26
78

04 5
450

05 12
48

06 7
98

07 6
210

08 2
126

09 24
48

▶ 73쪽

01 2×7
2×2×7
14
28

02 3×5
3×3×3
3
135

03 5×7
3×7
7
105

04 2×5×7
2×2×7
14
140

05 2×3×3
2×2×2×3
6
72

06 2×2×2×3
2×11
2
264

07 2×3×3×3
2×3×11
6
594

08 2×2×2×3
2×2×2×5
8
120

16B ▶ 74쪽

01 2 30	02 15 45	03 12 240
04 16 160	05 6 60	06 7 28
07 4 704	08 21 252	09 7 98

▶ 75쪽

01 3×3 3×3×5 9 45	02 2×2×2×3 3×5 3 120
03 2×3×3×3 2×2×7 2 756	04 5×7 2×5 5 70
05 2×2×2×2 2×2×2×3 8 48	06 2×3×7 2×2×2×3 6 168
07 2×2×2 2×3×3×3 2 216	08 2×7 7×11 7 154

17A ▶ 76쪽

01 | 12 | 15 |　02 | 21 | 14 |
| ~~5~~ | 60 |　| 7 | ~~84~~ |

03 | 25 | 15 |　04 | 28 | 18 |　05 | 12 | 16 |
| 5 | ~~150~~ |　| ~~X~~ | 252 |　| 4 | ~~96~~ |

06 | 15 | 24 |　07 | 39 | 26 |　08 | 18 | 24 |
| ~~X~~ | 120 |　| 13 | ~~156~~ |　| ~~X~~ | 72 |

09 | 52 | 36 |　10 | 14 | 42 |　11 | 6 | 8 |
| 4 | ~~4×6~~ |　| ~~X~~ | 42 |　| ~~X~~ | 24 |

▶ 77쪽

01 9, 21
72　7　3　63

02 6, 10
2　4　30　20

03 15, 21
3　105　9　75

04 18, 45
180　90　3　9

05 21, 49
343　7　147　3

06 28, 42
168　14　7　84

07 44, 16
176　88　4　8

08 35, 25
5　350　10　175

09 14, 17
3　2　126　63

10 36, 48
72　12　6　144

11 12, 40
2　120　240　4

교과에선 이런 문제를 다루어요 ▶ 78쪽

01 1, 3, 9　　1, 2, 7, 14
　9, 18, 27　　14, 28, 42

02 (45, 14, 9), (24, 20, 21), (30, 50, 6)

03 ○, ✕, ✕

04 2, 3, 3,　　2, 3, 3
　2, 2, 2　　2, 7
　12　　　2
　144　　252

05 4)16　40　　8　　7)42　56　　　14
　2)4　10, 80　　2)6　8, 168
　　2　5　　　　3　4

06 6　　5　　12
　36　　200　　144

07 1, 2, 4, 7, 14, 28　　1, 5, 7, 35

08 14, 28, 42　　15, 30, 45

Quiz Quiz ▶ 80쪽

			1	2	3
		2	3		1
	1	3			2
	3		2	1	
	2	1		3	

PART 3. 약분과 통분, 분수의 덧셈과 뺄셈

18A ▶ 82쪽

01 6, 3	02 18, 9	03 3, 1
04 10, 5	05 6, 2	06 15, 3
07 $\frac{6}{7}$	08 $\frac{2}{3}$	09 $\frac{2}{3}$
10 $\frac{2}{5}$	11 $\frac{3}{4}$	12 $\frac{2}{5}$

▶ 83쪽

01 $\frac{2}{3}$	02 $\frac{5}{7}$	03 $\frac{1}{5}$
04 $\frac{3}{4}$	05 $\frac{5}{8}$	06 $\frac{5}{7}$
07 $\frac{4}{9}$	08 $\frac{8}{11}$	09 $\frac{2}{3}$
10 $\frac{1}{6}$	11 $\frac{5}{7}$	12 $\frac{4}{7}$
13 $\frac{1}{4}$	14 $\frac{1}{3}$	15 $\frac{1}{6}$
16 $\frac{2}{3}$	17 $\frac{1}{4}$	18 $\frac{4}{13}$

18B ▶ 84쪽

01 $\frac{12}{56}, \frac{14}{56}$　02 $\frac{20}{32}, \frac{24}{32}$
　$\frac{6}{28}, \frac{7}{28}$　　$\frac{5}{8}, \frac{6}{8}$

03 $\frac{12}{54}, \frac{9}{54}$　04 $\frac{56}{80}, \frac{70}{80}$　05 $\frac{40}{96}, \frac{60}{96}$
　$\frac{4}{18}, \frac{3}{18}$　　$\frac{28}{40}, \frac{35}{40}$　　$\frac{10}{24}, \frac{15}{24}$

▶ 85쪽

01 $\frac{10}{150}, \frac{15}{150}$　02 $\frac{84}{192}, \frac{80}{192}$　03 $\frac{14}{112}, \frac{24}{112}$
　$\frac{2}{30}, \frac{3}{30}$　　$\frac{21}{48}, \frac{20}{48}$　　$\frac{7}{56}, \frac{12}{56}$

04 $2\frac{3}{18}, 1\frac{6}{18}$　05 $4\frac{42}{54}, 4\frac{45}{54}$　06 $\frac{56}{147}, \frac{105}{147}$
　$2\frac{1}{6}, 1\frac{2}{6}$　　$4\frac{14}{18}, 4\frac{15}{18}$　　$\frac{8}{21}, \frac{15}{21}$

07 $7\frac{54}{84}, 7\frac{70}{84}$　08 $\frac{56}{294}, \frac{63}{294}$　09 $1\frac{45}{75}, \frac{55}{75}$
　$7\frac{27}{42}, 7\frac{35}{42}$　　$\frac{8}{42}, \frac{9}{42}$　　$1\frac{9}{15}, \frac{11}{15}$

19A ▶ 86쪽

		01 $\frac{2}{2}, \frac{3}{4}$
02 $\frac{4}{4}, \frac{2}{3}$	03 $\frac{2}{2}, \frac{2}{4}$	
04 $\frac{4}{4}, \frac{1}{2}$	05 $\frac{2}{2}, \frac{1}{3}$	
06 $\frac{2}{2}, \frac{4}{5}$	07 $\frac{6}{6}, \frac{6}{12}$	

▶ 87쪽

01 $\frac{30}{40}, \frac{12}{40}, \frac{15}{20}, \frac{6}{20}$

02 $\frac{42}{48}, \frac{40}{48}, \frac{21}{24}, \frac{20}{24}$　03 $\frac{30}{72}, \frac{12}{72}, \frac{5}{12}, \frac{2}{12}$

04 $\frac{42}{98}, \frac{63}{98}, \frac{6}{14}, \frac{9}{14}$　05 $\frac{75}{90}, \frac{24}{90}, \frac{25}{30}, \frac{8}{30}$

06 $3\frac{56}{96}, 3\frac{60}{96}$　07 $2\frac{16}{96}, 2\frac{18}{96}$
　$3\frac{14}{24}, 3\frac{15}{24}$　　$2\frac{8}{48}, 2\frac{9}{48}$

08 $4\frac{60}{160}, 3\frac{56}{160}$　09 $1\frac{48}{108}, 1\frac{9}{108}$
　$4\frac{15}{40}, 3\frac{14}{40}$　　$1\frac{16}{36}, 1\frac{3}{36}$

10 $8\frac{105}{294}, 8\frac{112}{294}$　11 $5\frac{45}{150}, 2\frac{80}{150}$
　$8\frac{15}{42}, 8\frac{16}{42}$　　$5\frac{9}{30}, 2\frac{16}{30}$